高职高专计算机系列

软件项目开发实战

The Actual Software Project Development

郝爱语 ◎ 主编
胡霞 汤晓燕 费鹏 李红官 ◎ 副主编

人民邮电出版社
北京

图书在版编目（CIP）数据

软件项目开发实战 / 郝爱语主编. -- 北京 : 人民邮电出版社, 2014.12（2023.6重印）
工业和信息化人才培养规划教材. 高职高专计算机系列
ISBN 978-7-115-37187-4

Ⅰ. ①软… Ⅱ. ①郝… Ⅲ. ①软件开发－高等职业教育－教材 Ⅳ. ①TP311.52

中国版本图书馆CIP数据核字(2014)第239727号

内 容 提 要

《软件项目开发实战》以企业项目为载体，按照工作过程编排教学内容，通过将软件开发过程转换成案例的形式设计教学情景单元，是基于工作过程的教学思路，以案例形式编写符合当今高职高专的教学特点和教学目标。本书共 7 个项目，项目 1 项目准备；项目 2 需求分析；项目 3 软件设计；项目 4 编码实现；项目 5 软件测试；项目 6 用户手册；项目 7 系统配置。书中附录为软件开发实战课程实施方案和软件开发实战参考题目，以供使用者参考。

《软件项目开发实战》既可以作为高职高专软件技术、移动互联应用以及计算机应用专业的专业课教材，又可作为软件开发爱好者的参考书。

◆ 主　　编　郝爱语
　副 主 编　胡　霞　汤晓燕　费　鹏　李红官
　责任编辑　王　平
　责任印制　杨林杰

◆ 人民邮电出版社出版发行　北京市丰台区成寿寺路 11 号
　邮编　100164　电子邮件　315@ptpress.com.cn
　网址　https://www.ptpress.com.cn
　北京盛通印刷股份有限公司印刷

◆ 开本：787×1092　1/16
　印张：8.75　　2014 年 12 月第 1 版
　字数：212 千字　　2023 年 6 月北京第 9 次印刷

定价：25.00 元

读者服务热线：(010)81055256　印装质量热线：(010)81055316
反盗版热线：(010)81055315

前　言　PREFACE

软件项目开发实战是软件技术专业课程体系中一门专业核心课程，是完成并达到人才培养目标的重要环节，是教学计划中综合性较强的实践教学环节，它对帮助学生全面牢固的掌握课堂教学内容、培养学生的实践和实际动手能力、提高学生的综合素质具有重要的意义。

（1）进一步巩固和加深对“Visual C#语言程序设计”课程基本知识的理解和掌握，了解Visual C#语言在项目开发中的应用。

（2）综合运用“Visual C#语言程序设计”“数据库开发技术”和“软件工程”等多门专业课程的相关理论，来分析和解决软件项目设计中的问题，从而达到软件项目开发综合实训的目标。

（3）学习程序设计开发的一般方法，了解和掌握信息系统项目开发的过程和方式，培养正确的设计思想和分析问题、解决问题的能力，特别是项目设计能力。

（4）通过对标准化、规范化文档的掌握并查阅有关技术资料等，培养项目设计开发能力，同时提倡团队精神及培养学生完成中型工作项目的能力以及分工合作的能力。

目前，我国很多高等职业院校的计算机相关专业，都将“软件项目开发实战”作为一门重要的专业课程，为了帮助高职院校的教师能够比较全面、系统地讲授这门实训课程，使学生能够熟练地使用Visual C#语言来进行软件开发，我们几位长期在高职院校从事软件设计与开发教学的教师，联合企业多位高级软件工程师，校企合作共同编写了这本教材。

我们对本书的体系结构做了精心的设计，在内容编写方面，我们注意难点分散、循序渐进；在文字叙述方面，我们注意言简意赅、重点突出；在实例选取方面，注意实用性强、针对性强。在本书中，结合软件开发项目——高校毕业设计选题系统，向读者介绍了软件技术专业知识和技能的综合运用，突出软件项目开发的全流程训练，强调软件职业岗位能力的综合实训，使学生感受企业真实的软件开发流程和规范，熟悉软件项目团队协作开发方式，逐步适应软件企业开发环境和开发方法，养成良好的职业素养，实现软件开发基本能力的整合、迁移，促进综合能力的形成和发展，使学生能够胜任软件开发岗位的各项工作。

本书附录中有多套实训课题，可以提供学生以作参考。本书的参考学时为 72 学时，各项目的参考学时参见下面的学时分配表。

项目	课程内容	实训学时分配
项目 1	项目准备	2
项目 2	需求分析	8
项目 3	软件设计	16
项目 4	编码实现	30
项目 5	软件测试	6
项目 6	用户手册	6
项目 7	系统配置	4
课时总计		72

本书由苏州工业职业技术学院的郝爱语任主编，苏州工业职业技术学院的胡霞、汤晓燕，苏州市创采软件有限公司的费鹏总经理和李红官工程师任副主编 ，他们对本书内容提出了很多宝贵的修改意见，我们在此表示诚挚的感谢！

由于时间仓促，加之水平有限，书中难免存在错误和不妥之处，敬请广大读者批评指正。

编者

2014 年 7 月

目 录 CONTENTS

项目 5 软件测试 62

项目 6 用户手册 77

项目 7 系统配置 95

附录 A 软件开发实战课程实施方案 98

附录 B 项目开发实战参考题目 101

参考文献 134

项目 1 项目准备

大多数高职高专院校的软件项目开发实战是一门实训课程，它面向软件技术相关专业开设，以《面向对象程序设计》、ASP.NET 或 JSP 开发技术、关系数据库基础与应用、软件工程、软件测试技术等课程的学习为基础，通过一个针对具体专业方向的实际案例的全流程开发，培养和训练学生软件项目开发的实际工作能力，为从事软件开发工作打下坚实的基础。

对于软件项目开发实战课程而言，其实训阶段主要包括项目选题、组建团队、确定团队工作方式、制定项目进度、项目需求分析、概要设计、数据库设计、编码实现、系统测试和系统部署等工作。要求学生以软件编码为核心，掌握某一种（或几种）软件开发技术，熟悉各阶段的工作任务和工作目标，具备完成不同阶段任务和要求的能力。

IT 项目开发实战课程的要求如下：题目由授课教师根据题库拟定；周期是 3 周，集中授课。学生可以划分为多个项目组，每组 4～6 人，确定 1 名项目经理，组员之间既分工又协作。

一般来说，项目开发实训课程开始之后，学生一般首先要完成的是选题、组队等工作，确定团队的工作方式和开发进度，要求学生先组队，后选题。当然，教学模式可以更加灵活些，学生也可以自行组合团队，如果学生有比较好的想法，也可自行寻找认为合适的课题来做。

工作任务 1.1　项目开发选题

一般来说，应该充分发挥学生的主动性，要求学生自拟题目，自建团队，选择贴近日常生活并且实用性比较强的一些课题，要求选题功能需求量适中、业务逻辑复杂度中等，建议学生采用软件工程的方式开发。

由于软件项目开发实训的目的是让学生在实践中领会和理解软件开发过程，因此在选题问题上，如果是教师拟定课题，应避免选择技术性较强，开发难度大的软件项目。应尽量平衡各个课题难易程度，项目业务逻辑也应趋于类似，技术难度应适中，但项目的功能和流程应该能完整地体现实际工作要求，诸如小型信息管理系统、办公人事系统以及网上销售之类的软件项目一般都是符合上述需求的。本书中选择的是业务逻辑难度适中，工作量恰当的高校毕业设计选题系统，其主要的任务都集中在功能和流程上，技术难度也适合课堂教学使用。

选择了一个符合上述要求的题目后，我们还需要在可行性方面对选题进行一定的限定和优化。软件项目开发一般对团队人数、开发周期都有限制，我们需要依此来确定项目的规模和范围，以使项目能在规定的时间内顺利完成。学生的课堂实践虽然不用像软件公司大型项目那样做一份专业的可行性报告，但也需要对软件的可行性进行一定的分析。对于在校学生，由于个人能力有限，不可能熟悉所有的相关知识和技术，在考虑可行性的时候，主要应从团队成员能力的角度出发，对可行性考虑得不充分，通常会导致软件开发延期，从而无法在实训规定的开发周期内完成软件开发，学生团队因这个问题而导致最终开发失败的例子也不在少数。在软件需求分析的过程中，要对软件的功能、规模和范围进行深入定义，而在选题时，只需要一个大概的定义即可。

工作任务 1.2　组建开发团队

一个团队是一组为共同目标而奋斗的人，有效的软件开发团队由担当各种角色的人员组成，每位成员扮演一个或多个角色，可能一个人专门负责项目管理，而另一些人则积极地参与系统的设计与实现。软件公司常见的项目角色包括以下几类。

- 分析师。
- 策划师。
- 数据库管理员。
- 设计师。
- 操作/支持工程师。
- 程序员。
- 项目经理。
- 项目赞助者。
- 质量保证工程师。
- 需求分析师。
- 主题专家（用户）。
- 测试人员。

在组建团队时，首先，要按照软件开发过程要求的角色，寻找各方面我们认为优秀和适合的人选；其次，要有团队融洽度的考虑；最后，对团队成员的可工作时间要有充分的考虑。

第一，寻找各方面我们认为优秀和适合的人选。例如界面美工、数据库设计等工作，如果之前没有相关的学习经验是很难做好的。例如，如果一个团队缺乏一位擅长美工或有美工经验的成员，这很有可能直接造成项目最终在界面美化、用户舒适度方面存在一定的缺陷。因此，对于各角色，尤其是需要天分和经验的角色，一定要结合工作需要，寻找在这方面有能力并可以出色完成任务的团队成员。

第二，在选择成员时，要考虑该成员对团队融洽的影响，学生组队完成一项工作，一方面可提高专业实践能力；另一方面也可以锻炼沟通、协作等综合素养。成员之间若能结交朋友，建立亲密的友谊，工作效率自然会高，还能减少很多不必要的麻烦。反之，队员间配合不默契，最终不欢而散，项目也可能以失败告终。

第三，要考虑团队成员的可工作时间。这对于高职大专二年级学生团队来说尤其重要，他们往往有繁重的课程和多样的社团工作和活动，同时还可能准备专接本、专转本等考试，因此，其空余时间并不多。为了使自己的团队保质保量地按时完成课程设计，必须要充分考虑团队成员对于本项目的可工作时间，即使一个学生很优秀，能力完全满足甚至超出了项目需求，但如果他很忙，对于本项目的可工作时间太少，那么可以毫不犹豫地放弃他。

对于软件开发实训，组建团队时还应要考虑明确的角色分工。以高校毕业设计选题系统为例，角色分为项目经理、编码、测试、美工、数据库，其中编码角色 2 人，其他角色 1 人。大家也许会问，怎么没有需求分析人员和软件设计人员？这是不是不符合软件工程思想的要求？这里有必要向大家解释一下：学生团队与企业团队相比还是有很大差距的，企业级团队成员一般是不固定的，各种角色并不存在于整个软件生命周期，这些成员完成某个项目的工作后就可能转去完成另一个项目。因此，参与某一软件项目的总人数会很多，但每个人的角色很单一，一般都只存在于软件生命周期的某一阶段。这样，自然会设置需求分析人员和软件设计人员等。

但学生课程实训的团队却不一样，教师出于考核方面的考虑，对团队人数有严格的限定，且每个成员都应自始至终地参与到项目中。因此，对于一个 4~6 人的团队，若单独分出人员做分析和设计等工作，会造成在整个软件生命周期中有一定的人力资源的浪费。同时，如果成员无法参与软件工程的全过程，也就无法深入理解整个过程，这与软件项目开发实训课程教学大纲安排的课程设计等实践环节的主旨是相悖的。因此，秉承所有成员都能充分地参与到软件生命周期的全过程的宗旨，对于需求和设计等过程和环节，可以集体工作，在此过程和环节中忽略原本分配的角色，进行再分工。比如，在做需求分析的时候，团队成员都参与，然后每个人都有各自需求部分的分工。

工作任务 1.3　项目进度安排

筹划安排软件开发项目的预期目标，对项目的全过程、全部目标和全部活动统统纳入计划的轨道，用一个动态的可分解的计划系统来协调控制整个项目，以便提前发现矛盾，使项目在合理的开发周期内高质量地、协调有序地达到预期目标，因此软件开发的项目计划是龙头，具有头等重要的作用，同时计划也是项目管理的依据。

作为一个学生实训的团队，由于实训的时间一般都不会太长，所以必须严格把握时间。为了更好地控制时间，有必要对项目进度的安排做出详细的定义。项目进度安排是指对项目的进度、人员分工所做的项目计划。此计划主要是依据团队人员、项目实训时间、工作量估计以及成员对于本项目的可工作时间等因素而制订的。计划的生成方式建议采用表格的形式，若采用工具（如 Microsoft Project 等）制定项目计划，则要将工具所生成的图表附于项目计划之中。

因为软件产品的特殊性，在软件开发的过程中，会遇到很多预想不到的困难，这必然会影响到项目的进展，所以在制定项目进度的安排时，应该考虑到这一点。一般的处理方法是给整个项目留出几天的缓冲时间，具体到各个阶段的进度安排时，要从整体上把握，合理安排。一般来说，对于需求分析阶段，由于其重要性以及对后续阶段的持续影响，所用的时间应该长一些，大约占整个项目的30%。但这不是必须的，应该根据实际情况做出合理的安排。软件设计会直接影响编码和测试的效率，这对于任何一个项目来说都是十分重要的，这个过程的时间大约应占整个项目的20%。如果软件设计足够优秀，那么编码和测试的效率和正确性将会很高，而且时间也较容易把握。一般来说，编码和测试大约占整个项目时间的35%。有了前面的工作，接下来的软件项目的包装和发布会变得比较容易，这个阶段大约占整个项目时间的15%，其中应该包括一定的缓冲时间，以应对开发过程中所遇到的意外情况。

以高校毕业设计选题系统为例，需求分析安排8课时，主要是进行需求的确认，对该项目的功能进行一些合理的裁剪和添加；软件设计安排16课时，主要从不同的层次和角度抽象事物和问题，并将事物和问题分解模块化，分解越细模块数量也就越多，当然模块化的副作用就是使得设计者不得不考虑更多的模块之间耦合度；编码环节可安排30课时，要求学生使用一种主流开发语言，如C#.NET或Java编程实现；由于案例项目工作量本身并不大，所以软件测试环节只安排6课时，要求学生完成系统功能测试，编写测试用例，生成测试报告；项目的包装与发布可用6课时时间完成；软件文档撰写安排6课时即可，要求编写项目使用手册等相关文档；最后的项目总结和系统配置安排4课时完成，整个项目共72课时。当然，这样的安排完全是根据项目本身的实际情况，可通过成员之间的讨论而最后决定，至于其合理性，将会在项目的开发过程中进行验证。我们在安排自己的项目时，要根据实际情况来安排各个阶段的进度，并不一定要完全按照某个项目的时间安排进行分配。但关键的一点是，项目进度制定以后，如没有特殊情况，必须严格按照该进度安排执行。

PART 2

项目2 需求分析

工作任务 2.1　需求分析概述

所谓“需求分析”，是指对要解决的问题进行详细的分析，弄清楚问题的要求，包括需要输入什么数据，要得到什么结果，最后应输出什么。在软件工程中的“需求分析”就是确定要计算机“做什么”，要达到什么样的效果。简单地说，需求分析就是分析用户的需求，需求分析的结果是否准确地反映了用户的实际要求，将直接影响到后面各个阶段的设计。

需求分析的方法有面向对象的分析方法、面向功能的分析方法和面向数据的分析方法。在当代的软件工程中，人们更多地采用面向功能和面向对象的分析方法获取需求，这是需求分析的重要步骤，通常采用会谈、场景、开发原型和实地观察这 4 种方法。在获取需求过程中，需要对需求进行分类，从不同的角度可以将需求分为功能性需求与非功能性需求、产品需求与过程需求、各种优先级的需求、独立需求与全局需求、稳定的需求与可变的需求。一个特定的项目并不要求采用所有的分类方法，而是根据项目的特点有所选择和取舍。在高校毕业设计选题系统中，需求分为功能需求与性能需求两类，功能需求针对系统将要实现的功能，性能需求一般包括正确性、安全性、界面、精度、时间特性、稳定性、灵活性、扩展性、输入输出、数据管理能力、故障处理能力、可维护性等。获取功能需求后应该用文字、图表等方式逐项、定量、定性地描述功能需求。

需求的描述非常重要。描述需求的主要方式有数据流图、IPO 图、E-R 图和用例图。数据流图、IPO 图是面向过程的描述方式，用例图是面向对象的描述方式。这些都是软件开发人员必须熟悉的描述方法。高校毕业设计选题系统的需求描述采用用例图描述方式。用例图能够直观、形象地定义系统行为，展示角色与用例之间的相互作用，它可以用 Visio、Rational Rose 等工具绘制。需求分析阶段一般要交付两个文档：用户需求报告（系统定义文档）和需求规格说明书。用户需求报告一般在需求规格说明书之前编写，它是面向用户的文档。需求规格说明书是面向团队开发人员的文档，从开发人员的角度阐述系统需求。在较小型的软件开发过程中，一般只需编写需求规格说明书，需求阶段的里程碑是需求规格说明书审核通过。

工作任务 2.2 需求分析实施

进行需求分析前应该完成的任务包括组建团队、确定会议方式及其时间的频率、明确小组成员之间的联系方式及讨论方式、安排项目进度、选用项目管理软件等。

需求分析能帮助软件开发人员更好地理解将要解决的问题，如果软件要解决的问题不明确，那么软件将不能很好地为用户所用。需求分析的输出成果是《需求规格说明书》，即站在开发者的角度，完成一份面向开发团队内部的文档。下面以高校毕业设计选题系统为例，说明需求分析阶段的具体实施过程。

2.2.1 需求分析的任务

需求分析的任务是通过详细调查现实世界要处理的对象（组织、部门、企业等），充分了解原系统（手工系统或计算机系统）的工作概况，明确用户的各种需求，然后在此基础上确定新系统的功能。

需求分析调查的重点是“数据”和“处理”，通过调查、收集与分析，获取用户对软件系统的如下要求。

（1）信息要求。指用户需要从数据库中获取信息的内容与性质。由信息要求可以导出数据要求，即在数据库中需要存储哪些数据。

（2）处理要求。指用户要完成什么处理功能，对处理的响应时间有什么要求，处理方式是批处理还是联机处理。

（3）安全性与完整性要求。

确定用户的最终需求是一件很困难的事。这是因为一方面用户缺少计算机知识，开始时无法确定计算机究竟能为自己做什么，不能做什么，因此往往不能准确地表达自己的需求，所提出的需求往往不断地变化。另一方面，设计人员缺少用户的专业知识，不易理解用户的真正需求，甚至误解用户的需求。因此设计人员必须不断深入地与用户交流，才能逐步确定用户的实际需求。

需求分析的基本任务不是确定系统怎样完成相关工作，而是确定系统必须完成哪些工作，也就是对目标系统提出完整、准确、清晰、具体的要求。并在需求分析阶段结束之前，由系统分析员写出软件需求规格说明书，以书面形式准确地描述软件需求。需求分析过程如图 2-1 所示。

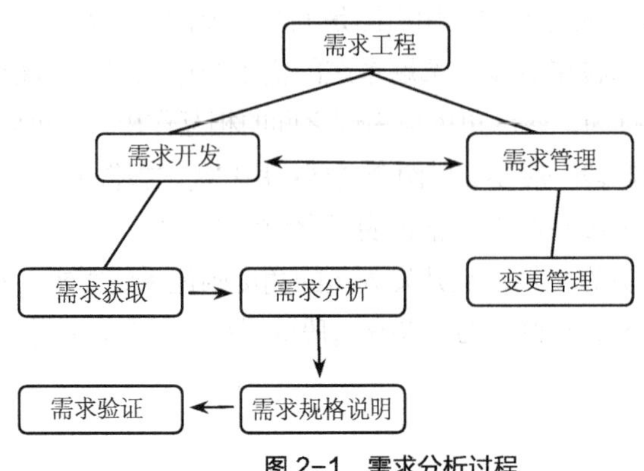

图 2-1 需求分析过程

2.2.2 需求分析的方法

项目确定实施之后，就要通过各种方式和途径获取详细需求。进行需求分析首先是调查清楚用户的实际要求，与用户达成共识，然后分析与表达这些需求。调查用户需求的具体步骤如下。

（1）调查组织机构情况。包括了解该组织的部门组成情况、各部门的职责等，为分析信息流程做准备。

（2）调查各部门的业务活动情况。包括了解各个部门输入和使用什么数据，如何加工处理这些数据，输出什么信息，输出到什么部门，输出结果的格式是什么，这是调查的重点。

（3）在熟悉了业务活动的基础上，协助用户明确对新系统的各种要求，包括信息要求和处理要求，完全性和完整性要求，这是调查的又一个重点。

（4）确定新系统的边界。

在调查过程中，可以根据不同的问题和条件，使用不用的调查方法。常用的调查方法有以下几种。

（1）跟班作业。通过亲身参加业务工作来了解业务活动的情况。这种方法可以比较准确地理解用户的需求，但比较耗费时间。

（2）开调研会。通过与用户座谈来了解业务活动及用户需求。座谈时，参加者之间可以相互启发。

（3）请专人介绍。

（4）询问。对某些调查中的问题，可以找专人询问。

（5）设计调查表并请用户填写。如果调查表设计的合理，这种方法会很有效，也易于被用户接受。

（6）查阅记录。查阅与原系统有关的数据记录。

进行需求调查时，往往需要同时采用上述的各种方法。但无论使用何种调查方法，都必须有用户的积极参与和配合。

了解了用户的需求后，还需要进一步分析和表达用户的需求。在众多的分析方法中，结构化分析（Structured Analysis，简称 SA 方法）是一种简单实用的方法。SA 方法从最上层的系统组织机构入手，采用自顶向下、逐层分解的方式分析系统。SA 方法把任何一个系统都抽象为图 2-2 的形式。图中给出的只是最高层次抽象的系统概况，要反映更详细的内容，可以将处理功能分解为若干子功能，每个子功能还可以继续分解，直到把系统工作过程表示清楚为止。在处理功能逐步分解的同时，它们所用的数据也逐级分解，形成若干层次的数据流图。

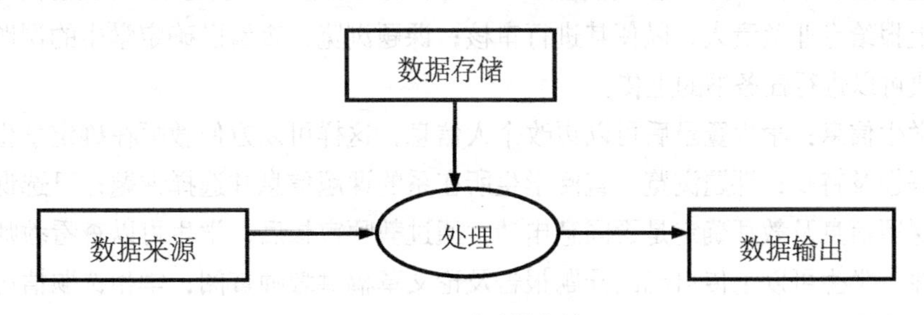

图 2-2　SA 方法抽象过程

数据流图表达了数据和处理过程的关系。在SA方法中，处理过程的处理逻辑常常借助判定表或判定树来描述。系统中的数据则借助数据字典（Data Dictionary，DD）来描述。对用户需求进行分析与表达后，必须提交用户，得到用户的认可。

2.2.3 确认用户的需求

对需求有了进一步的了解之后，团队成员就应该通过讨论对需求进行确认，在这一步中，需要强调项目的规模要适当。规模不能太大，否则在课程设计的时间范围内将很难完成。当然也不能太小，规模较小的软件开发项目很难充分用到软件工程的思想。如果在这一步中遇到问题，不能解决，那么还应该回到需求分析继续完善需求的获取。如有必要，还需要进行访谈，并进一步收集资料，需求分析和确认用户需求是一个重复的过程，直到需求最终被确认下来为止。

毕业设计选题系统是高校中常用的一个系统，业务逻辑相对简单，结合实训的时间限制以及团队的实际情况，讨论后团队成员决定将选题系统定位为服务于高校某一专业的毕业设计选题，它的主要用户人群是毕业设计指导教师和学生。系统把用户列为4类：系统管理员、院系管理员、教师、学生。用户身份不同，功能也有所不同。该系统的用户需求可以总结如下。

（1）系统管理员：系统管理员可以完成系别设置、专业设置、管理员管理、教师信息设置、学生信息设置。

（2）专业设置：设置本学院的各个专业，导入学生信息时，需要把学生定位于相应的专业。

（3）教师信息：系统管理员或者系管理员导入教师信息，教师登录后即可以上报课题信息、查阅选题学生，确定选题学生、上传文件等（任务书等）。

（4）学生信息：系统管理员或者系管理员导入学生信息后，学生即可进行课题浏览、选题和文件上传（开题报告、论文草稿等）等。

（5）课题管理功能：课题浏览，查看各系上报的课题并进行审核；添加课题，系统管理员帮助计算机操作水平差的教师进行课题上报；学生选题情况，查看已确定选题的学生及其选题，以及未确定选题的学生。

（6）专业负责人：功能与系统管理员相似，所不同的是专业负责人操作数据的权限仅在自己专业，无法浏览及操作学院其他专业的课题信息。

（7）教师管理功能：教师信息，教师登录后可以更改个人信息，这样可以方便学生在选题时了解教师研究内容和方向；课题浏览，查看教师已上报课题及审核情况，课题必须经系统管理员或系统管理员审核通过后，学生方可查阅并进行选题，学生选题后在该功能模块可以查阅已选学生名单及学生信息，并进行该课题学生的确认，实现互动双向选择；添加课题，课题信息上报给专业负责人，以便其进行审核；课题浏览，查看已确定学生的课题信息，在此功能模块可以进行任务书的上传。

（8）学生信息：学生登录后可以更改个人信息，这样可以方便教师在确定学生时了解学生的专业兴趣及特长；课题浏览，查阅学生所在系的课题信息并选择课题；已选课题，查看学生已选课题信息及教师确定是否同意申请，通过教师审核后，学生可以查看教师上报的任务书等文件，学生可以上传自己的开题报告及论文草稿供教师查阅；学生选题情况：查看本专业已确定选题的学生。

2.2.4 需求规格说明书

需求分析阶段的交付成果就是《需求规格说明书》，建议《需求规格说明书》不要由一个人来完成，而是由大家一起合作完成。在编写《需求规格说明书》之前，要选定一个《需求规格说明书》的模板，然后根据实际项目的情况对模板的框架进行修改。例如，需不需要系统的组织结构图？用不用画出数据流图？功能模型用功能点列表表示还是用用例图表示？性能需求、接口需求、环境需求、界面需求这些内容哪些需要写，哪些可以略去？根据项目的性质和规模的不同，需求规格说明书的框架应该有所区别。

值得注意的是，在编写《需求规格说明书》之前，团队应该确定一个标准，规范项目中可能出现的名词或概念，有了规范就可以避免规格书前后风格不一致的问题出现。

下面结合项目“高校毕业设计选题系统”的需求规格说明书来介绍如何获取需求，并将需求文档化。

本项目的需求规格说明书的框架主要包含 6 个部分：引言、任务概述、非技术要求、系统环境、性能需求和功能需求。确定了这个框架后，再对团队人员进行分工，由不同的人负责不同的部分。

1．引言

引言部分应重点考虑文档编写的目的、项目背景等内容。

文档编写的目的应描述《需求规格说明书》的预期读者，一般包括评审人员、软件设计人员、软件开发人员。针对具体情况，还可能包括客户。但对于毕业设计管理系统，该文档的预期读者是这个开发团队的内部成员，以及使用本软件系统的教师和广大学生。

2．任务概述

任务概述应重点考虑项目目标、用户特点等内容。

项目目标的确立将有利于我们对项目进行整体把握以及定位。在确立项目目标时要注意目标应该是明确的、可量化的、可达到的。在整个开发过程中，项目目标也是可以逐步细化的。这部分内容主要包括确定应用目标、作用范围、系统对用户的益处。用户特点部分主要描述的是软件的最终用户、操作人员、维护人员的教育水平和技术专长以及软件的预期使用频度。这些都将约束着后续的软件设计过程。

3．非技术要求

这个部分需要明确软件开发的经费限制、要交付的工作产品等。对于高校毕业设计选题系统，将开发周期限定在两个月左右。根据课程设计的需要，最终将交付如下成果：需求规格说明书、设计说明书、测试报告、用户手册、源代码、可执行程序。

4．系统环境

一般来说，系统环境部分应包括系统架构、软硬件运行环境、软硬件开发环境等。

对于高校毕业设计选题系统，由于运行环境相对简单，可将其分为硬件运行环境和软件运行环境两部分分别进行阐述。

根据系统的硬件运行环境，可以很容易地得出系统需要的主要硬件：服务器、签到客户机、Web 浏览 PC 机、读卡器。然后，针对这些硬件，逐个分析其需要的配置。方法是依据该硬件需要完成的功能来确定其配置要求。

对于高校毕业设计选题系统采用以下配置是比较合理的。

- 处理器型号：AMD / Intel　2.8GHz 及以上。
- 内存容量：1GB 及以上。
- 外存容量：320GB 及以上。
- 网络配置：100M 网卡。

与硬件运行环境一样，根据功能需求确定配置的分析方法，得到每一种硬件的软件运行环境。运行毕业设计管理系统的服务器要担当两方面的角色：数据库服务器和 Web 服务器。要完成数据库服务器功能，显然需要相应的数据库软件；而要完成 Web 服务器功能，也需要合适的 Web 服务器软件。同时还要注意，这是一台服务器，因此还要选择适用于服务器的操作系统。对于高校毕业设计选题系统，这里选择的是当前通用的 Windows Server 2003。在软件工程过程中，软件的选择也是很有技巧的。在满足功能需求的前提下，选择软件有三大原则如下。

（1）团队成员对该软件比较熟悉，有过相关的使用经验。

（2）该软件比较通用，使用范围广。

（3）该软件的成本相对较低。

结合这三大原则，适当地权衡后做出一个合理的选择是可能的。此项目的团队成员对微软的平台比较熟悉，因此数据库和 Web 服务器分别选择了 SQL Server 2005 Express 和 IIS 6.0。SQL Server 2005 Express 是 SQL Server 2005 的免费版本，中文称为速成版。其提供的功能足以满足学生完成这个课程设计项目的需求。IIS 6.0 则是 Windows Server 2003 已经附带的一个组件，因此也可以认为是免费的。而 SQL Server 2005 Express 和 IIS 6.0 的通用性和可靠性则是不言而喻的。因此，这样的选择就很好地满足了以上三大原则。

（4）软硬件开发环境。

与系统的运行环境一样，开发环境也分为硬件环境和软件环境。相对来说，硬件环境较好选择。对于毕业设计管理系统，由于只需完成桌面程序和 Web 网站，因此硬件环境有 PC 机就行了。在其他项目或者实训中可能会涉及其他的硬件。例如，如果进行手机、单片机的开发，就会需要相应的模拟器。

软件环境的选择就复杂多了，但仍然要遵循在选择软件运行环境中提到的三大原则。对于操作系统，要依具体项目而定。做 Windows 开发就选择 Windows，而做 Linux 开发的必然要选择 Linux 操作系统了。至于具体的版本，则可根据三大原则来选择。Linux 有很多发行版，其中有不少是免费和开源的。做 Linux 开发，若没有特别需要，选择一款免费而开源的操作系统是合适的。高校毕业设计选题系统中包含 Web，要用到浏览器。随着互联网的发展，Web 项目越来越普遍，相信读者进行项目开发时也常用到浏览器。但是，目前的状况是很多开发者并不注重浏览器在 Web 项目开发中的地位。与其他类型的软件不同，浏览器的选择不是只选取一种，而是在条件允许的情况下由市场占有率由高到低尽量覆盖更多。由于各浏览器间的兼容性不是太好，因此在开发 Web 项目时一定要支持尽量多的浏览器，使大多数的用户通过其使用的 Web 浏览器所看到的页面都是一样的。要选择几种市场占有率高的浏览器，在项目开发过程中对这几种浏览器都要进行测试，使做出来的 Web 页面不只是在 IE 下能够显示正常。结合实际情况，高校毕业设计选题系统选择了 IE6/IE7/Mozilla Firefox 三种浏览器，这能够覆盖大多数用户。

系统硬件环境具体情况如下。

（1）应用服务器（Web Server）硬件配置如下。

处理器：Pentium 4 1.8GHz 或以上。

内存：1GB 或以上。

硬盘：40G 或以上。

（2）数据库服务器（Database Server）硬件配置如下。

处理器：Pentium 4 1.8GHz 或以上。

内存：2GB 或以上，推荐 4GB。

硬盘：40G 或以上。

（3）客户端（Client）硬件配置如下。

处理器：Pentium41.8GHz 或以上。

256MB 或以上。

10G 或以上。

软件环境具体情况如下。

（1）应用服务器（Web Server）软件配置如下。

操作系统：	推荐 Windows 2003 Server 标准版 (32 位)。
运行环境：	Microsoft IIS 6.0 (推荐) 及 Microsoft .NETFramework 2.0。

（2）数据库服务器（Database Server）软件配置如下。

操作系统：	推荐 Windows 2003 Server 标准版 (32 位)。
运行环境：	SQL Server 2000。

（3）客户端（Client）软件配置如下。

操作系统：	推荐 Windows XP 专业版。
浏览器：	Microsoft Internet Explorer 6.0 或以上,推荐 IE7.0。

5．性能需求

性能需求应考虑正确性需求、安全性需求、界面需求、灵活性需求、数据管理能力需求、故障处理能力需求等内容。

正确性需求主要包括软件在正确性方面的需求，即软件的输出与客户在执行软件输入时的预期相符。为获取此部分需求，团队成员应通过认真思考和讨论，以列出软件所涉及的输入/输出等操作，分析它们在正确性方面有什么要求。

安全性需求主要包括软件在安全性方面的要求，包括保密数据存储等方面。为获取此部分需求，团队成员应结合软件的具体功能，考虑各个功能所涉及的操作在安全性方面的需求。

界面需求主要包括用户在操作界面的需求，软件中每个可视的页面或窗口以及具体的操作流程都应包括在内，而不仅仅是其中可视的页面，这一点需要注意。为获取此部分需求，团队成员应该对将要开发的软件在全局上有较好的把握。结合软件的具体功能，深入思考各个功能可能涉及的操作界面，以获取用户在操作界面的需求。

灵活性需求主要包括软件在用户需求发生变化时的适应能力。需求变化可能有操作方式上的变化、精度和有效时间的变化、运行环境的变化、同其他软件的接口的变化等。为获取此部分需求，应重点考虑与自己的软件相关的、可能出现的变化，根据每一种变化获取软件应对这种变化的适应性上的需求。

数据管理能力需求主要包括软件在数据管理能力上的需求。为获取此部分需求，应该说明需要管理的文件和记录的个数、表和文件的大小规模。数据管理能力的要求应该紧密结合软件所需完成的具体功能以及实际应用中的需要。例如，对于高校毕业设计选题系统，考虑到实际使用中 200 人以内的学生选题较为普遍，因此需求获取时要求数据库能对 200 人以内人员的相关信息进行存储。

故障处理能力需求主要包括软件运行过程中可能出现的软件、硬件故障及其对各项性能而言所产生的后果，以及对故障处理的要求。为获取此部分需求，在硬件方面，应考虑软件运行所依赖的硬件可能出现的问题，同时分析其后果及如何处理故障；在软件方面，应考虑软件各功能模块可能出现的问题，重点解决如何处理故障的问题，如可进行数据备份等。

6．功能需求

在对系统的功能需求进行分析时，用例图是一种非常直观、简单的方法。绘制用例图的工具有很多，比如 Visio,Rational Rose 等。在高校毕业设计选题系统中，采用了 Visio 绘制用例图。

Visio 是 Microsoft Office 家族中的一个图表绘制软件。它可以绘制包括复杂设想、过程与系统的业务图表和技术图表。利用 Visio 创建图表的优点是能够将信息形象化，既利于理解，也利于表达和交流。

最后需要指出的是，在需求分析的过程中，应始终立足于需求的动态性、合理性以及可实现性，对需求进行合理而有效的分析与更新，以便更有效地进行后续的工作。

- 需求的动态性：在软件开发的整个生命周期内，由于项目的进展、技术的限制等因素，可能需要对需求进行一些适当的更新。
- 需求的合理性：在需求分析的过程中，为了获取合理的需求，团队成员可能参加了一些比较正式的会议。参照这些会议的流程，他们获取了通用的需求，如毕业设计选题流程、专业负责人和毕业设计指导教师角色权限，学生选题规则等需求。
- 需求的可实现性：由于技术、硬件条件等因素的限制，团队成员对初步的需求分析进行了合理而有效的裁剪。

2.2.5 整合需求规格说明书

最后，需要将《需求规格说明书》进行整合，这项工作最好由一个人来完成。在整合的过程中，重点要解决前后逻辑不一致、内容重复、用词不统一、风格不一致等问题。当然，在这个过程中，还要对项目团队确定的用词标准进行完善。

工作任务 2.3 完成《高校毕业设计选题系统需求规格说明书》

《需求规格说明书》是需求分析阶段成果的集中体现，是软件设计的基础。《需求规格说明书》一般应包括系统环境、性能需求、功能需求等核心部分。其中，系统环境应包括系统架构、软硬件运行环境和软硬件开发环境。而性能需求和功能需求就是指软件在性能上和功能上的需求。以下是《高校毕业设计选题系统需求规格说明书》，供读者参考。

一、引言

1. 编写目的

本文档的目的是说明高校毕业设计选题系统最终需要满足的条件和限制，为进一步设计和实现提供依据。本文档将用户的需求用文字的形式固定下来，是与用户沟通的成果，也是用户验收项目时的参考。本文档将供高校毕业设计选题系统团队成员查阅和使用，其中包括系统设计人员、编程人员、测试人员。

2. 项目背景

系统名称：高校毕业设计选题系统。

需求背景：毕业设计作为各专业教学计划的最后一个实践教学环节，是培养学生运用所学知识解决工程实际问题能力的重要手段，也是对学生综合素质和高校教学质量的一次集中检阅。如今毕业设计的工作还是采用手工化模式，即毕业生以班级为单位的原始手工报送的选题方式。近年来，随着高校扩招工作的进一步深入，每年毕业生人数不断增加，再加上院校合并、扩建带来的异地办公和教学，毕业设计的管理工作难度越来越大，目前高校普遍采用的传统方式，存在成本高、重复劳动量大、效率低、难维护等缺点，难以适应毕业设计管理的要求。

系统用途：高校毕业设计选题系统要求完成学生选题全过程的网络化管理。主要的设计目标包括指导老师在线拟定课题，由后台专业指导老师审核课题，审核通过后将发布到相关的专业。老师还可以在线内定学生分配课题。学生登录系统后可以在线选择自己感兴趣的课题。选题结束后指导老师审核学生的信息，未通过审核的同学可以重新选题。专业指导老师审核自己相关专业指导老师的课题，审核通过发布到相关专业，未通过的将不进行发布。后台的管理员可以导入学生和教师的信息，添加删除和修改专业指导老师的信息。管理员设置选题的时间并发布最新的通知。

系统使用范围：本系统主要面向选题人数在200人以内的毕业设计管理。

系统开发人员：本系统由开发团队完成从需求分析、设计到编码、测试、发布的全部过程。

3. 相关文件

《高校毕业设计选题系统设计说明书》《高校毕业设计选题系统测试报告》和《高校毕业设计选题系统用户手册》。

二、任务概述

1. 目标

由于学生毕业设计管理在流程上的相似性，本系统旨在减少其中的重复工作，提高管理工作的正确性和效率。系统的目标是将人工参与的工作量减少 50%，效率提高 30%，同时使毕业设计管理工作规范化、程序化。

2. 用户特点

本系统的最终可能用户是高校教师、学生、教务秘书等。操作人员必须熟悉计算机的基本操作，维护人员的教育水平普遍应在本科学历以上，而且在电脑方面有所专长。如果本系统开发成功，可用性极强。

三、非技术要求

（1）本系统的开发周期为一个月左右。开发流程为：需求分析→软件设计→编码实现→系统测试→交付使用，其中需求分析的更新贯穿于整个开发过程。

（2）要交付的工作产品有《需求规格说明书》、《设计说明书》、《测试报告》、《用户手册》、源代码、可执行程序。

（3）里程碑（软件系统开发过程中的主要阶段点）如下。

- 2012-10-24：验收需求分析结果。
- 2012-10-28：验收设计结果。
- 2012-11-9：验收编码结果。
- 2012-11-16：验收集成和系统测试结果。

四、系统环境

1. 硬件运行环境

（1）服务器

处理器型号：AMD/Intel 2.8GHz 及以上。

内存容量：1GB 及以上。

外存剩余空间：200MB 及以上。

网络配置：100M 网卡。

（2）Web 浏览 PC 机

处理器型号：AMD/Intel 1.6GHz 及以上。

内存容量：256MB 及以上。

外存剩余空间：200MB 及以上。

网络配置：100M 网卡。

2. 软件运行环境

（1）服务器

操作系统：Windows Server 2003。

Web 服务器：IIS 6.0。

数据库：SQL Server 2005 Express。

（2）Web 浏览 PC 机

操作系统：Windows 2000/XP/Vista。

浏览器：IE6/IE7/Mozilla Firefox 2.0。

3. 开发环境

（1）硬件环境

本系统采用 PC 机开发，配置如下。

处理器型号：AMD/Intel 1.6GHz 及以上。

内存剩余空间：512MB 及以上。

外存剩余空间：1GB 及以上。

网络配置：100M 网卡、串口。

（2）软件环境

操作系统：Windows XP。

浏览器：IE6+IE7+Mozilla Firefox 2.0。

IDE：Microsoft Visual Studio 2005。

Web 服务器：IIS 6.0。

数据库：Microsoft SQL Server 2005 Express。

测试工具：Microsoft Visual Studio 2005 集成测试工具。

配置工具及平台：SVN+Google Code。

五、性能需求

1．安全性需求

系统是用于存储学生、毕业设计课题、指导教师等信息的数据库，应具有较高的安全性，由于涉及毕业设计成绩等学生隐私，要求用户登录数据应加密后再通过网络传输。

2．界面需求

系统对界面的需求分为两部分：网站界面需求和客户端界面需求。

- 网站界面需求：页面布局清晰，颜色搭配合理，色调柔和，各页面主题风格一致。
- 客户端界面需求：参会人员签到时看到的窗口应很清晰，且比较美观，其他窗口布局较合理即可。

3．时间精度需求

- 响应时间：2～3 秒之内打开系统的一个新的链接（包括图片）。
- 更新处理时间：对于需要保持的最新内容资料的更新速度要求是实时性的，对于需要定期保留的内容期限为 3 个月。
- 运行时间：本系统应当保持 24 小时开通。

4．稳定性需求

该系统部署后，在硬件条件和支持软件条件没有发生变化的情况下，能够一直保持运行状态，直到系统升级或被替代。

系统出现软件故障时，为满足信息处理的要求，可以采取数据恢复来解决，因此平时要注意经常进行数据备份。

六、功能需求

毕业设计选题管理系统是基于 Internet 校园网的应用，其目的是加强毕业设计的管理，提高毕业设计的效率，主要功能如下。

（1）课题申报：老师在线拟定课题，提交至系统等待专业指导老师的审核。

（2）课题审核：专业指导老师登录系统后方可审核本系教师的课题，通过或者拒绝相关课题。

（3）分配课题：专业指导老师将审核通过的教师课题分配到相应的专业。

（4）学生选题：学生在线选择自己喜欢的课题，选定后等待教师的审核。审核通过后即确定了毕业选题，若拒绝需要重新选题。

（5）课题确认：教师要随时查看课题被选择的情况。要及时审核学生的选择是否通过。通过的学生则与老师确定了指导关系，拒绝的学生需要重新选题。

项目 3 软件设计

工作任务 3.1　软件架构设计

在软件需求分析阶段，已经搞清楚软件“做什么”的问题，并把这些需求通过《需求规格说明书》描述出来了，这也是目标系统的逻辑模型。进入软件设计阶段，要把软件“做什么”的逻辑模型变换为“怎么做”的物理模型，即着手实现软件的需求，并将设计的结果反映在《设计规格说明书》文档中。所以，软件设计是一个把软件需求转换为软件表示的过程，最初这种表示只是描述了软件的总体结构，称为软件概要设计或结构设计，属于软件高层设计阶段，然后对结构进行细化，称为详细设计或过程设计。本单元主要介绍软件的概要设计和详细设计。

高层设计阶段的重点是软件系统的架构设计。详细设计阶段的重点是用户界面设计、数据库设计和模块设计，如图 3-1 所示。

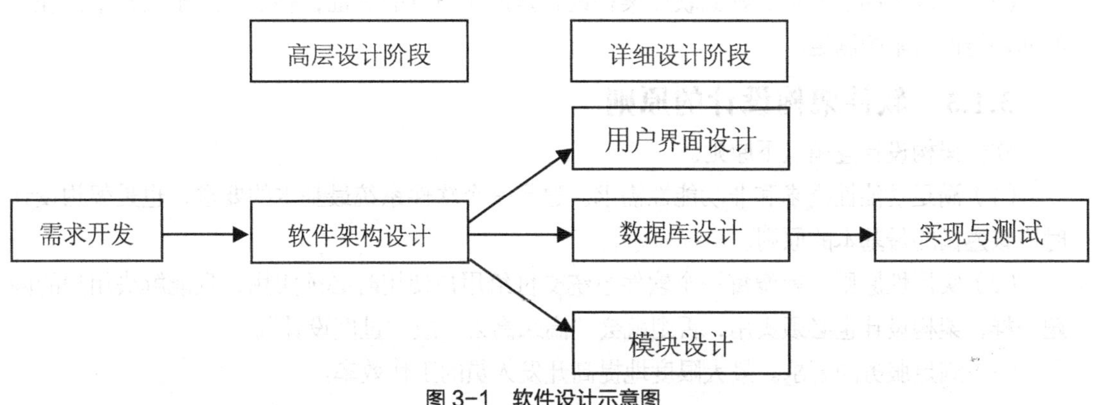

图 3-1　软件设计示意图

软件架构从顶层对系统进行设计，是从宏观角度设计系统的。架构关注的是系统结构，系统由哪些模块组成，以及组成各个模块之间的调用关系。架构设计使用 4+1 视图模型描述系统设计，从 5 个不同的视角来描述软件体系结构，即逻辑视图、进程视图、开发视图、物理视图和场景视图。

详细设计是从底层模块对系统进行设计的，具体到与用户交互的界面设计、面向数据管理的数据库设计，以及连接用户界面接口与底层数据库的中间层组件模块设计。高校毕业设计选题系统是基于B/S架构的项目，用户界面均为在浏览器中呈现的Web用户界面。数据库设计从用户需求开始，依据用户需求建立语义模型和E-R模型，再将语义模型和E-R模型转换为关系模型，最后对关系模型数据表进行业务规则提取和规范化操作，最终获得符合3NF的数据库产品。模块设计的主要任务是详细设计模块的接口和通信，详细设计模块数据的输入流和输出流等。

3.1.1 软件架构的定义

软件架构是软件设计的高层部分，是用于支撑细节的设计框架。架构也称为系统架构、高层设计或顶层设计。架构描述的对象可直接构成系统抽象组件。在实现阶段，这些抽象组件被细化为实际的组件，如具体某个类或者对象。在面向对象领域中，组件之间的连接通常用接口来实现。

3.1.2 软件架构的目的

软件架构设计一般有以下几个目的。

（1）为大规模开发提供基础和规范。软件系统的大规模开发必须有一定的基础并遵循一定的规范，这既是软件工程本身的要求，也是用户的要求。在架构设计的过程中，可以将一些公共部分抽象提取出来，形成公共类和工具类，以达到重用的目的。

（2）一定程度上缩短项目的周期。利用软件架构提供的框架或重用组件，可缩短项目开发的周期。

（3）降低开发和维护的成本。大量的重用和抽象可以提取一些开发人员不用关心的公共部分，这样便可以使开发人员仅仅关注于业务逻辑的实现，从而减少了其他作业量，提高了开发效率。

（4）提高产品的质量。好的软件架构设计是产品质量的保证，特别是对于用户常常提出的非功能性需求的满足。

3.1.3 软件架构设计的原则

软件架构设计遵循以下原则。

（1）满足功能性需求和非功能性需求。这是一个软件系统最基本的要求，也是架构设计时应该遵循的最基本的原则。

（2）实用性原则。就像每一个软件系统交付给用户使用时必须实用，且能解决用户的问题一样，架构设计也必须实用，否则就会“高来高去”或“过度设计”。

（3）满足服务的要求。最大限度地提高开发人员的工作效率。

3.1.4 软件架构设计的4+1视图模型

架构视图是对从某一视角或某一点上看到的系统所进行的简化描述。描述中涵盖了系统的某一特定方面，而省略了与此方面无关的实体。Kruchten提出了4+1视图模型，从5个不同的视角来描述软件体系结构，即逻辑视图、进程视图、开发视图、物理视图和场景视图。每一个视图只关心系统的一个侧面，5个试图结合在一起才能反映系统体系结构的全部内容，如图3-2所示。

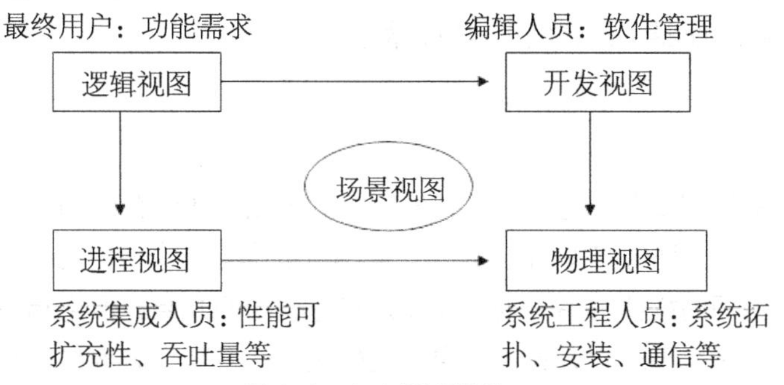

图 3-2　4+1 视图模型

1．逻辑视图

逻辑视图用来描述系统的功能需求，即系统应该为用户提供的功能。在逻辑视图中，系统被分解成一系列的功能抽象、功能分解与功能分析，这些主要来自问题领域。在面向对象技术中，表现为对象或对象类的形式，采用抽象、封装继承原理。用对象模型来代表逻辑视图，可以用类图来描述逻辑视图。借助于类图和类模板，类图用来显示一个类的集合及其逻辑关系，如关联、使用、组合、继承等。相似的类可以划分成类集合。类模板关注单个类，它们强调主要的类操作，并且识别关键的对象特征。逻辑视图的表示方法如下。

（1）构件：包括类、类服务、参数化类、类层次。

（2）连接件：包括关联、包含、聚集、使用、继承、实例化。

逻辑视图的风格采用面向对象的风格，其主要的设计准则是，视图在整个系统中保持单一的、一致的对象模型，以避免针对每个场合或过程产生草率的类和机制的技术说明。

2．进程视图

进程视图考虑一些非功能性的需求，如性能和可用性。它解决并发性、发布性、系统完整性、容错性的问题，以及逻辑视图的主要抽象如何与进程结构配合在一起，即定义逻辑视图中的各个类的具体操作是在哪一个线程中被执行的。进程视图侧重于系统的运行特性，服务于系统集成人员，方便后续性能测试。进程视图的表示方法如下。

（1）构件：包括进程、简化进程、循环进程。

（2）连接件：包括消息、远程过程调用、双向消息、事件广播。

3．开发视图

开发视图主要用来描述软件模块的组织与管理（通过程序库或子系统）。服务于软件编程人员，方便后续的设计与实现。它通过系统输入输出关系的模型图和子系统图来描述。要考虑软件的内部需求：开发的难易程度、重用的可能性，通用性，局限性等。开发视图的风格通常是层次结构，层次越低，通用性越好（底层库：Java SDK，图像处理软件包）。

4．物理视图

物理视图主要描述硬件配置，服务于系统工程人员，解决系统的拓扑结构、系统安装、通信等问题。物理视图主要考虑如何把软件映射到硬件上，还要考虑系统性能、规模、可靠性等。物理视图可以与进程视图一起映射。物理架构主要关注系统非功能性的需求，如可用性、可靠性（容错性）、性能（吞吐量）和可伸缩性。物理视图的表示法如下。

（1）构件包括处理器、计算机、其他设备。

（2）连接件包括通信协议等。

5．场景视图

场景视图又称用例视图，它综合了其他所有的视图。场景视图用于刻画构件之间的相互关系，将其他 4 个视图有机地联系起来。该视图可以描述一个特定的视图内的构件关系，也可以描述不同视图间的构件关系。场景视图是其他视图的冗余，但它起到了两个作用：一是作为一项驱动因素来发现架构设计过程中的架构元素；二是作为架构设计结束后的一项验证和说明功能，即以视图的角度来说明，又作为架构原型测试的出发点。

3.1.5 高校毕业设计选题系统软件设计实施

根据需求分析，系统可分为以下几个模块进行系统实现（见图 3–3）。

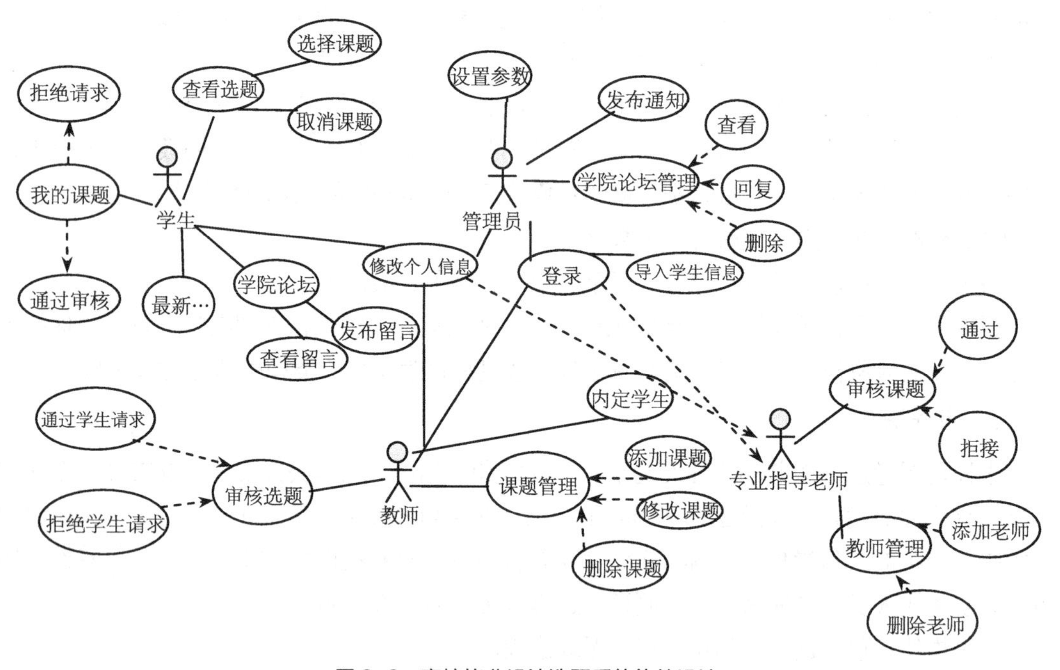

图 3–3 高校毕业设计选题系统软件设计

用户验证模块，按照三种用户类型（学生、教师、管理员）分成三种验证，对不同用户使用不同下拉框提交用户输入的用户名密码，提交后与数据库中的对应条目进行对比，查找不到的用户或者密码错误的用户则无法登录面，对正确登录的用户，则跳转到对应用户类型的主信息界面，用户登录后选择页面上的退出系统，则会在客户端和服务器端同时退出用户；列表打印模块，学生，教师，管理员在使用系统的过程中随时可以将页面上显示的列表进行打印输出；帮助信息模块，用户登录系统后，可以通过菜单中的帮助信息连接查询该用户类型的帮助提示。

（1）教务管理员模块：分为系统功能设定模块、情况查询模块和课题审核操作模块。

系统功能设定模块，教务管理员可以对课题分类进行编辑，方便学生选题查询；课题审核操作模块，教务管理员可以对教师提交的毕业设计题目进行审核操作，决定是否审核通过，审核通过的题目学生才可以选报；情况查询模块，教务管理员随时可以通过情况查询模块查看题目提交情况、审核通过情况、学生选报情况等。

（2）教师模块：个人资料修改模块，课题模块，信息查询模块和审核模块。

个人资料修改模块，教师登录系统后可以通过个人资料修改模块对初始化信息进行修改完善；课题模块，教师可以增加和编辑毕业课题，并且提交课题，提交后的题目进入待审核状态；审核模块，教师可以对选题的学生进行审核，审核通过表示学生已成功选择了该课题；课题信息查询模块，教师可以通过信息查询模块查看提交题目审核结果、选报情况以及选报题目的学生信息。

（3）学生模块：个人资料修改模块，选题模块，信息查询模块。

个人资料修改模块，学生登录系统后可以通过个人资料修改模块对初始化的个人信息进行修改完善；选题模块，学生通过选题模块查询可选毕业设计题目，并且对毕业设计题目进行选报，每个学生只能选报一个课题，选报后进入待审核状态；信息查询模块，学生通过信息查询模块查看毕业设计题目的具体介绍及详细情况以及导师的详细资料。

工作任务 3.2　界面设计

目前，应用系统软件一般有基于窗体的桌面应用系统和基于浏览器的 Web 应用系统。此外，随着近年来移动互联网络的迅速发展，基于移动互联网的手机应用系统也非常普及。这 3 类应用系统用户界面的接口设计各不相同。桌面应用系统的用户接口主要是图形用户界面，Web 应用系统的用户接口主要是网页风格的用户界面，而移动互联网应用系统的用户接口主要是手持设备用户界面。本任务将讨论软件设计中的界面设计。由于该任务的项目是基于浏览器的 Web 应用系统，故本任务在项目实施时主要讨论网页风格的用户界面设计。

3.2.1　界面设计的原则

1．简洁大方，方便用户操作

简洁和易于操作是网页设计的最重要的原则。因为，网站建设的目的最终是为用户查阅信息和使用网络服务。没有必要在网页上设置过多的操作，堆集上很多复杂和花哨的图片。该原则一般的要求，网页的下载不要超过 10 秒钟；尽量使用文本链接，而减少大幅图片和动画的使用；操作设计尽量简单，并且有明确的操作提示；网站所有的内容和服务都在显眼处向用户予以说明等。、

2．特色鲜明，符合景区主题

网站界面是体现一个网站特色的重要方面。网站界面的整体风格和整体气氛表达要同景区形象相符合并应该很好地体现该景区的文化内涵。只有符合景区主题的界面设计，也是具有“精气神”的艺术佳作。否则，只能是徒有其表，空洞无物。也只有界面设计特色鲜明，才能激发用户的激情和兴趣，令广大网友浏览往返。

3．布局合理，易于功能实现

网页排版布局对于网站功能的实现至关重要。如果网页的布局凌乱，仅仅把大量的信息堆

集在页面上，会干扰浏览者的阅读。因此，网页排版设计既不能过于死板，也不能过于花哨。一般在网页设计上要遵循 Miller 公式原理，即一般网页上面的栏目选择最佳为 5～9 个，如果网站所提供给浏览者选择的内容链接超过这个区间，人在心理上就会烦躁，压抑，会让人感觉到信息太密集，看不过来，很累。如果内容实在过多，超出了 9 个，需要进行分组处理。

4．视觉平衡

网页设计时，也要各种元素（如图形、文字、空白）都会有视觉作用。根据视觉原理，图形与一块文字相比较，图形的视觉作用要大一些。所以，为了达到视觉平衡，在设计网页时需要以更多的文字来平衡一幅图片。另外，按照中国人的阅读习惯是从左到右，从上到下，因此视觉平衡也要遵循这个道理。一般情况下，每张网页都会设置一个页眉部分和一个页脚部分，页眉部分常放置一些 Banner 广告或导航条，而页脚部分通常放置联系方式和版权信息等，页眉和页脚在设计上也要注重视觉平衡。同时，也决不能低估空白的价值。如果网页上所显示的信息非常密集，这样不但不利于读者阅读，甚至会引起读者反感，破坏该网站的形象。在网页设计上，适当增加一些空白，精炼你的网页，使得页面变的简洁。

5．色彩的搭配和文字的可阅读性

颜色是影响网页的重要因素，不同的颜色对人的感觉有不同的影响，例如：红色和橙色使人兴奋并使得心跳加速；黄色使人联想到阳光，是一种快活的颜色；黑颜色显得比较庄重，考虑到景区网站希望对浏览者产生不同的感受，从而为网页选择合适的颜色（包括背景色、元素颜色、文字颜色、链节颜色等）。

为方便阅读网站上的信息，可以将网页的内容分栏设计，甚至两栏也要比一满页的视觉效果要好。另一种能够提高文字可读性的因素是所选择的字体，通用的字体（Arial，Courier New，Garamond，Times New Roman，中文宋体）最易阅读，特殊字体用于标题效果较好，但是不适合正文。该类特殊字体如果在页面上大量使用，会使得阅读颇为费力，浏览者的眼睛很快就会疲劳，不得不转移到其他页面。

6．和谐与一致性

通过对网站的各种元素（颜色、字体、图形、空白等）使用一定的规格，使得设计良好的网页看起来应该是和谐的。或者说，网站的众多单独网页应该看起来像一个整体。网站设计上要保持一致性，这又是很重要的一点。一致的结构设计，可以让浏览者对网站的形象有深刻的记忆；一致的导航设计，可以让浏览者迅速而又有效的进入在网站中自己所需要的部分；一致的操作设计，可以让浏览者快速学会在整个网站的各种功能操作。破坏这一原则，会误导浏览者，并且让整个网站显的杂乱无章，给人留下不良的印象。当然，网站设计的一致性并不意味着刻板和一成不变，有的网站在不同栏目使用不同的风格，或者随着时间的推移不断的改版网站，会给浏览者带来新鲜的感觉。

3.2.2 用户界面分类

1．图形用户界面

在图形用户界面中，计算机屏幕上显示的窗口、图标、按钮等图形表示不同目的的动作，用户通过鼠标等指针设备进行选择。

2．网页风格用户界面

网页风格用户界面通过用户浏览器展现。互联网与传统媒体最大的不同就在于，除了文字和图像以外，还包含声音、视频和动画等多媒体元素，在增加网页界面生动性的同时，也使得网页设计者需要考虑更多页面元素的合理性运用。

3．手持设备用户界面

手持设备用户界面狭义上来看是手机和PPC的界面，广义上可以推广至移动电视、车载系统、手持游戏机、MP3、GPS 等一切手持设备适用的界面。手机界面的基本要素包括待机界面、主菜单、二级菜单、三级菜单。手持设备用户界面除了包括图标和文字外，比较重要的还有呼叫、发送信息、计算器、日历界面等功能性信息。

3.2.3 高校毕业设计选题系统界面布局

教师模板界面如图 3-4 所示。

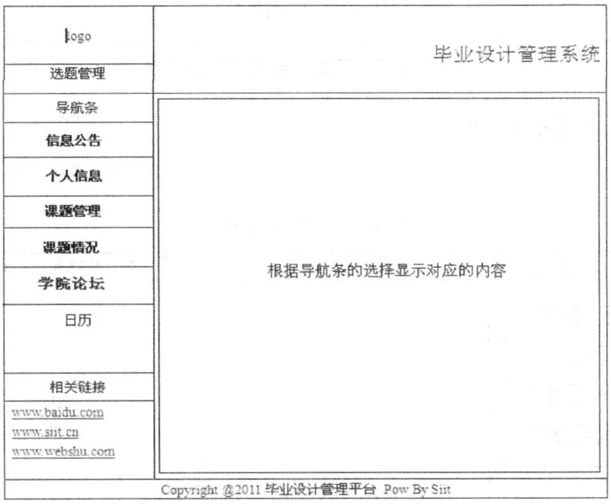

图 3-4 教师模板界面

学生模板界面如图 3-5 所示。

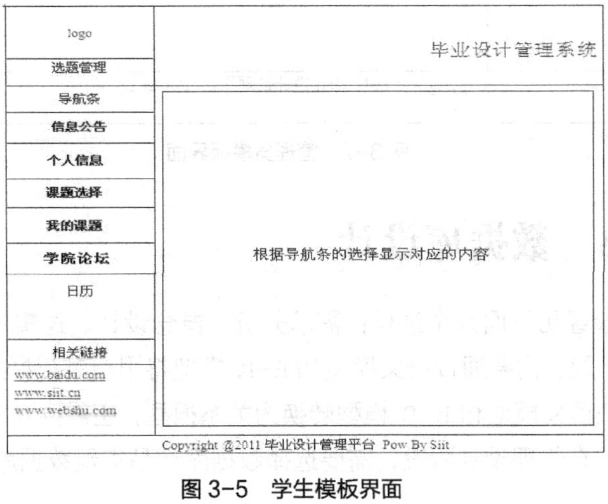

图 3-5 学生模板界面

专业指导老师模板界面如图 3-6 所示。

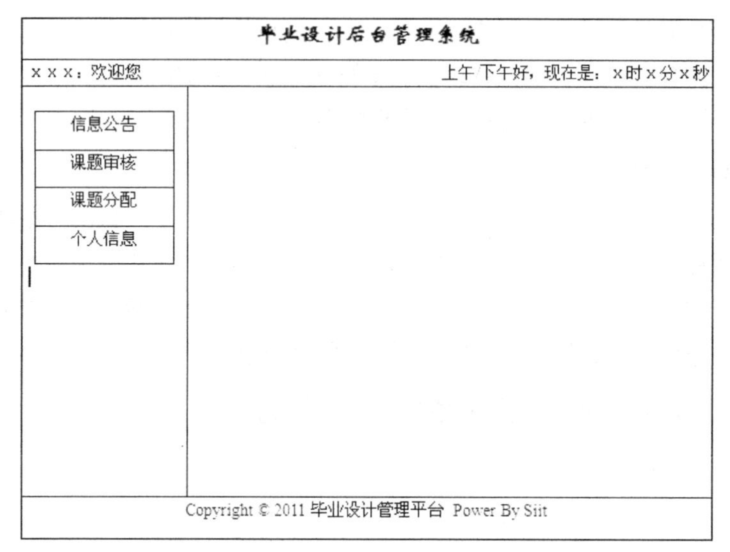

图 3-6　专业指导老师模板界面

管理员模板界面如图 3-7 所示。

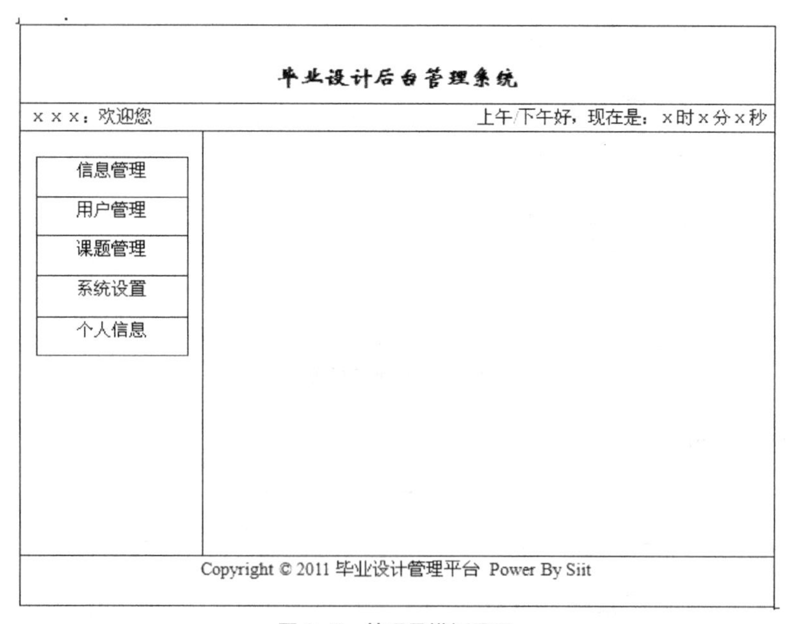

图 3-7　管理员模板界面

工作任务 3.3　数据库设计

数据库设计一般经历下面几个过程：需求分析、概念设计、逻辑设计、物理设计和运行维护。在概念设计阶段，需要通过语义模型和 E-R 模型将用户对数据的需求表现出来。在逻辑设计阶段，需要把语义模型和 E-R 模型转换为关系模型，还需要对关系模型进行业务规则提取和规范化操作。在物理设计阶段，需要选择数据库产品实现数据库的创建。

3.3.1 数据库设计定义

数据库设计是指对于一个给定的应用环境，构造最优的数据库模式，建立数据库及其应用系统，使之能够有效地存储数据，以满足各种用户的应用需求。

由于数据库应用系统的复杂性，设计数据库的过程也异常复杂，最佳设计不可能一蹴而就，只能是一种"反复探寻，逐步求精"的过程，即逐步规划和结构化数据库中的数据对象及这些数据对象之间关系的过程。

3.3.2 数据模型设计

数据库设计首先从需求分析开始，然后把用户需求转换成数据模型。数据模型一般包括用户界面模型、语义对象模型、实体关系模型和关系模型。用户界面模型、语义对象模型和实体关系模型属于概念设计的范畴，关系模型属于逻辑设计的范畴。用户界面模型即用户界面设计，该内容请参考"工作任务 3.2 界面设计"。

1．语义对象模型

语义对象模型是用来文档化用户需求并建立的数据模型。它首先确定用户需求中语义对象的可标识事物，然后确定这些事物的属性来表达语义对象的特征及其之间的联系，从而建立数据模型。语义对象模型的构建依赖于语义对象和语义对象属性。

（1）语义对象属性

每一个对象都具有一定的性质，人们称之为属性。每个属性代表对象的一个特征。对象也是一个属性集合。语义对象的属性有 3 种类型：简单属性、属性组和对象属性。简单属性保存简单的值，如字符串、数字或日期。简单属性不可再分，是单值的。属性组保存合成值，是多个属性的组合。组成属性组的属性可以是简单属性，也可以是语义对象属性或属性组。语义对象属性是指语义对象的属性是另一个语义对象，它是一个语义对象和另一个语义对象之间建立关系的属性。语义对象属性是成对出现的，如果一个对象包含另一个对象，则另一个对象也必定包含这个对象，这种对象属性被称作成对属性。

（2）语义对象属性的基数

语义对象属性的基数是指该属性的取值范围。在语义对象模型中，通过属性基数来描述使对象有效的、必须存在的属性实例的数目。语义对象的每个属性都有最小基数和最大基数，使用以点分隔的两个数字表示。最小基数指使对象有效的、必须存在的属性实例的最小数目，这个数通常是 0 或 1。如果是 0，则该属性不一定需要有值；如果是 1，则该属性必须有值。最小基数也可能大于 1。最大基数指对象所拥有属性实例的最大数目，通常是 1 或 N。

常见属性基数的表示如下。

- 1.1 表示对象属性实例的数目恰好为 1。
- N 表示可以取任意数量的值，但至少必须有一个值。
- 0.1 表示一个可选的单值。
- N 表示任意数量的可选值。

（3）对象标识符

对象标识符可用来标识语义对象的一个或多个属性的组合。可以在属性的左边写下文字 ID 来指示标识符，ID 加下划线表示一个唯一的标识符。

（4）语义对象的类型

语义对象可分为简单对象、组合对象、复合对象、混合对象、关联对象和继承对象等。

简单对象是仅包含单值的简单属性的语义类。组合对象包含至少一个多值的非对象属性。复合对象包含至少一个对象属性。混合对象包含其他类型属性的组合。关联对象表示两个不同对象之间的关系，并存储此关系相关的其他信息。继承对象指两个语义对象除有不同属性外，一个对象可以共享另一个对象的大多数特征。

2．实体关系模型

实体关系图（Entity-Relationship Diagram，ERD）是另一种形式的对象模型，在很多方面类似语义对象模型。但它们的关注点不同。语义对象模型关注对象类结构，而实体关系图更强调关系。实体关系图由实体（Entity）、属性（Attribute）和联系（Relation）构成。具体图形标识描述如下。

（1）实体：用矩形表示，矩形框内写明实体名。

（2）属性：用椭圆形表示，并用无向边将其与相应的实体连接起来。

（3）联系：指实体内部或实体之间的联系。实体内部的联系通常指组成实体的属性之间的联系。联系用菱形表示，菱形框内写明联系名，并用无向边分别与有关实体连接起来，同时在无向边旁标上联系的类型（1∶1、1∶n 或 m∶n），即一对一、一对多、多对多 3 种关系。

E-R 模型的建模一般包括如下步骤。

（1）确定实体，并确定每一个实体的属性。

（2）确定实体之间存在的联系，包括联系名、联系的类型、联系的最小基数及联系的属性。

（3）建立最终的 E－R 图。

（4）对所建立的 E－R 数据模型进行评估，即需要参加需求来证实其精确性和完整性。

3．关系模型

关系模型就是指二维表格模型。一个关系型数据库就是由二维表及其之间的联系组成的一个数据组织。在关系模型中，关系是指具有行和列的表，表中的列对应不同的属性，属性可以以任何顺序出现，而关系保持不变。域是关系模型的一个重要特征，关系模型中的每个属性都与一个域相关。域界定了一个或多个属性的取值范围。关系的元素是表中的元祖或记录，元祖是指关系中的一行记录。

（1）键

键是表中具有某种属性的一个或多个列构成的集合。复合键或组合键是指包含多于一个列的键。

超键是表中一个或多个列的特定组合，该组合使得表中不存在具有完全相同值的两行。超键定义了表中具有唯一性的一组字段，因此也称唯一键。候选键是最小的超键，如果从候选键中删除一个字段，则该键不再是超键。表中可以存在多个超键和候选键。

唯一键是用来标识表中行的超键，唯一键是用来约束数据的，不允许向数据库中添加具有相同键值唯一键的两行数据。唯一键和候选键的区别在于它们的使用方式，唯一键是一个实现问题，而候选键是一个理论概念。

主键是一种用来表示表中唯一标识或查找行的超键，一个表只能有一个主键。主键也是一个实现问题，而不是理论性概念。主键中的字段必须包含值，基于主键的查找记录要比基于其他键的查找记录快。

次键是用来查找记录但不保证唯一性的键。

外键是表中的一列或多列集合匹配其他表中的候选键。

（2）约束

非空约束（Not Null）用于确保列不能为空。如果列上定义了非空约束，则插入或修改列时要提供数据。

唯一约束（Unique）用于唯一地标识数据。定义了唯一约束后，唯一约束的列值不能重复，但可以为空。

主键约束（Primary Key）用于唯一标识表的行。主键约束的列上不仅不能重复，也不能为空。

外键约束（Foreign Key）要求引用表中的一个或多个字段必须匹配被引用表中的主键列值。当定义外部键约束时，该选项必须指定。

检查约束（Check）用于强制列数据必须满足某种条件。

（3）索引

索引是一种数据结构，可以更快且更容易地基于一个或多个字段中的值查找记录。索引不等同于键。索引是从数据库中获取数据的最高效方式之一。95%的数据库性能问题都可以采用索引技术得到解决。

索引的使用原则如下。

- 逻辑主键使用唯一的成组索引，对任何外键列采用非成组索引。
- 运行查询显示主表和所有关联表的某条记录时，创建外键索引可以提高查找速度。
- 对备注字段不要使用索引，不要索引大型字段（有很多字符的字段），这样做会让索引占用太多的存储空间。
- 不要索引常用的小型数，不要为小型数据表设置任何键。对于经常进行插入和删除操作的小型表，这些插入和删除操作的索引维护可能比扫描表空间消耗更多的时间。

（4）关系数据库完整性

关系数据库完整性实现机制主要有两类：实体完整性和参照完整性。

实体完整性指在一个基本表中主键列的取值不能为空。主键是用于唯一标识记录的最小标识，意味着主键的任何子集都不能提供记录的唯一标识。如果允许主键取空值，则并不是所有的列都用来区分记录，这与主键的定义矛盾。

参照完整性是指如果表中存在外键，则外键值必须与主表中的某些记录的候选值相同，或者外键的值必须全部为空。

3.3.3 规范化设计理论

设计关系数据的方式可能存在各种各样的问题。设计的数据表中可能包含重复的数据，这不仅浪费空间，而且更新所有这些重复的值既耗时又费事。设计时，可能会错误地关联两个不相关的数据段，因此不能在保留一个数据段的情况下删除另一个数据段。设计时，也有可能为表示一段应该存在的数据时将不应该有的数据考虑进来。所有的这些问题都可能产生异常。规范化是重新安排数据库的过程，能使数据库防止这些异常问题的出现。共有 7 种不同的规范化级别，每一级别包括它之前的那些级别。规范化通常会对表结构的一些列进行测试，从而决定它是否满足或符合给定范式。一般项目中使用 3 个级别，按照从弱到强依次是第一范式（First Normal Form，1NF）、第二范式（Secord Normal Form，2NF）和第三范式（Third Normal Form，3NF）。

1．第一范式（1NF）

1NF 是对属性的原子性约束，要求属性具有原子性，不可再分解。1NF 的限定条件如下。

（1）每个列必须有一个唯一的名称。

（2）行和列的次序无关紧要。

（3）每一列都必须有单个数据类型。

（4）不允许包含值完全相同的两行。

（5）每一列都必须包含一个单值。

（6）列不能包含重复的组。

2．第二范式（2NF）

2NF 是对记录的唯一约束，要求记录有唯一的标识，即实体的唯一性。2NF 的限定条件如下。

（1）它符合 1NF。

（2）所有的非键值字段均依赖于所有的键值字段。

3．第三范式（3NF）

3NF 是对字段冗余性的约束，即任何字段不能由其他字段派生出来，它要求字段没有冗余。3NF 的限定条件如下。

（1）它包含 2NF。

（2）它不包含传递相关性。

传递相关性是指一个非键值字段的值依赖于另一个非键值字段的值。3NF 的第二个条件可以这样理解，即所有的非键值列的值都只能从主键列得到。

3.3.4 数据库安全设计

安全设计确保当数据库存储的数据被破坏时或当数据库用户误操作时，数据库信息不至于丢失。

1．防止用户直接操作数据库

在运行环境中，必须严格管理系统用户。数据信息管理员必须修改其默认密码，禁止用该用户建立数据库应用对象，以及删除或锁定数据库测试用户。

2．用户账号密码加密管理

应用级的用户账号密码不能与数据库相同，以防止用户直接操作数据库。管理员只能用账号登录到应用软件，通过应用软件访问数据库，而没有其他途径操作数据库。

3．角色与权限控制

必须按照应用需求设计不同的访问权限，包括应用系统管理用户、普通用户等，并按照业务需求建立不同的应用角色。用户访问另外的用户对象时，应该通过创建同义词对象进行访问。确定每个角色对数据库表的操作权限。只有管理员才可以对所有的信息进行所有的操作，而普通用户只可以对相关的信息进行一些基本操作，而不具备所有的操作权限。

3.3.5　高校毕业设计选题系统数据库设计

1．数据库的需求分析

根据本系统功能设计的需求，通过对整个系统功能进行分析，数据库应当包含以下的各表。

（1）教师表：教师 ID、 教师姓名、密码、系别、班级、手机号、QQ 号码、头像。

（2）学生表：学生 ID、姓名、密码、联系电话、头像、选题状态、系别、班级、QQ 号码。

（3）专业指导老师表：专业指导老师 ID、姓名、密码、联系电话、系别。

（4）管理员表：管理员 ID、姓名、密码、头像。

（5）课题表：课题 ID、教师 ID、课题名称、课题描述、系别 ID、班级 ID、拟定日期、审核状态、选题状态、选题截止时间、届别、类型、来源、难度、工作量。

（6）留言表：留言 ID、留言内容、留言时间、学生 ID、教师 ID、回复内容、回复时间、回复状态。

（7）通告表：通告 ID、标题、内容、管理员 ID、发布时间。

（8）系部表：系别 ID、系别名称。

（9）班级表：班级 ID、班级名称、系别 ID。

（10）预约表：预约 ID、学生 ID、课题 ID、预约审核状态。

（11）难度表：选题难度 ID、难度。

（12）来源表：选题来源 ID、来源。

（13）类型表：选题类型 ID、类型。

（14）工作量表：工作量 ID、工作量。

2．数据库的逻辑结构设计

各表的逻辑结构分别如表 3-1 至表 3-14 所示。

表 3-1　教师表（tb_teacher）

字段名称	类型	宽度	是否可为空	约束	含义
teacher_id	int	4	否	主键	教师 ID
teacher_name	varchar	50	否		教师姓名
password	varchar	50	否		密码
dept_id	Int	4	否		系别
class_id	Int	4	否		班级
teacher_tel	Varchar	50	是		手机号
teacher_qq	Varchar	50	是		QQ 号码
teacher_avater	Varchar	50	是		头像

表 3-2　学生表（tb_student）

字段名称	类型	宽度	是否可为空	约束	含义
student_id	Int	4	否	主键	学生 ID
student_name	Varchar	50	否		姓名
password	Varchar	50	否		密码
student_tel	Varchar	50	是		联系电话
student_avater	Varchar	50	是		头像
state	Int	4	是		选题状态
dept_id	Int	4	否		系别
class_id	Int	4	否		班级
student_qq	Varchar	50	是		QQ 号码

表 3-3　专业指导老师表（tb_subteacher）

字段名称	类型	宽度	是否可为空	约束	含义
subteacher_id	Int	4	否	主键	专业指导老师 ID
subteacher_name	Varchar	50	否		姓名
subteacher_password	Varchar	50	否		密码
subteacher_tel	Varchar	50	是		联系电话
dept_id	Int	4	否		系别

表 3-4　管理员表（tb_admin）

字段名称	类型	宽度	是否可为空	约束	含义
admin_id	Int	4	否	主键	管理员 ID
admin_name	Varchar	50	否		姓名
password	Varchar	50	否		密码
admin_avater	Varchar	50	是		头像

表 3-5　课题表（tb_topic)

字段名称	数据类型	宽度	是否可为空	约束	含义
topic_id	Int	4	否	主键	课题 ID
teacher_id	Int	4	否		教师 ID
topic_name	Varchar	50	否		课题名称
topic_describe	Varchar	200	否		课题描述
dept_id	Int	4	否		系别 ID
class_id	Int	4	否		班级 ID

续表

字段名称	数据类型	宽度	是否可为空	约束	含义
datatime	datatime	8	是		拟定日期
state	Int	4	是		审核状态
select_state	Int	4	是		选题状态
select_time	datatime	8	是		选题截止时间
yeartime	Varchar	50	是		届别
type_id	Int	4	是		类型
origin_id	Int	4	是		来源
diffcult_id	Int	4	是		难度
work_id	Int	4	是		工作量

表 3-6 留言表（tb_message）

字段名称	类型	宽度	是否可为空	约束	含义
message_id	Int	4	否	主键	留言 ID
message_content	Ntext	16	否		留言内容
message_date	datatime	8	否		留言时间
student_id	Int	4	否		学生 ID
teacher_id	Int	4	是		教师 ID
reply_content	Ntext	16	是		回复内容
reply_date	datatime	8	是		回复时间
reply_state	Int	4	否		回复状态

表 3-7 通告表（tb_inform）

字段名称	类型	宽度	是否可为空	约束	含义
inform_id	Int	4	否	主键	通告 ID
topic	Varchar	50	是		标题
content	Varchar	200	否		内容
admin_id	Int	4	是		管理员 ID
datatime	datatime	8	是		发布时间

表 3-8 系部表（tb_ dept）

字段名称	数据类型	宽度	是否可为空	约束	含义
dept_id	Int	4	否	主键	系别 ID
dept_name	Varchar	50	否		系别名称

表 3-9　班级表（tb_class）

字段名称	数据类型	宽度	是否可为空	约束	含义
class_id	Int	4	否	主键	班级 ID
class_name	Varchar	4	否		班级名称
dept_id	Int	4	否		系别 ID

表 3-10　预约表（tb_order）

字段名称	数据类型	宽度	是否可为空	约束	含义
order_id	Int	4	否	主键	预约 ID
student_id	Int	4	否		学生 ID
topic_id	Int	4	否		课题 ID
order_state	Int	4	是		预约审核状态

表 3-11　难度表（tb_diffcult）

字段名称	数据类型	宽度	是否可为空	约束	含义
diffcult_id	Int	4	否	主键	选题难度 ID
diffcule_name	Varchar	50	否		难度

表 3-12　来源表（tb_origin）

字段名称	数据类型	宽度	是否可为空	约束	含义
origin_id	Int	4	否	主键	选题来源 ID
origin_name	Varchar	50	否		来源

表 3-13　类型表（tb_type）

字段名称	数据类型	宽度	是否可为空	约束	含义
type_id	Int	4	否	主键	选题类型 ID
type_name	Varchar	50	否		类型

表 3-14　工作量表（tb_work）

字段名称	数据类型	宽度	是否可为空	约束	含义
work_id	Int	4	否	主键	工作量 ID
work_name	Varchar	50	否		工作量

工作任务 3.4　模块设计

模块化设计是对一定范围内的功能不同，或者功能相同但性能不同、规格不同的产品进行功能分析，并在此基础上划分并设计出一系列功能模块，通过模块的选择和组合构成不同的顾客定制的产品，以满足市场的不同需求。

3.4.1 模块化概述

为了解决问题，有时需要把软件系统分解为若干模块，每个模块完成一个特定的子功能。当把所有模块按照某种方式组装到一起时，成为一个整体，此时便可以获得满足问题需要的一个解，这就是模块化思想。所谓模块，就是具有独立名称的组件，或程序中的可执行语句等程序代码。模块具有以下几个基本要素。

（1）接口：用于模块的输入或输出。

（2）功能：是模块存在的必要条件，模块必然是为了实现某个功能而诞生的。

（3）状态：指可执行模块运行所需的一个数据结构，每个模块要负责在它的所有入口点（即任何执行代码流可以进入模块的地方）进行状态数据的切换。

（4）逻辑：指该模块的运行环境，即模块的调用与被调用关系。

1．模块化的优点

（1）模块化是软件工程中解决复杂问题的一种有效手段。将复杂的软件系统进行适当的分解，不仅可以使问题简化，还可以降低工作量，从而降低成本，提高开发效率。

（2）模块化可使软件结构清晰，易于阅读和理解。

（3）使用模块化结构开发的软件便于修改、维护和调试。

（4）模块化可获得较高的软件可靠性。

（5）模块化便于工程化协作。

2．信息隐蔽

所谓信息隐蔽，是指在设计和确定模块时，将一个模块内包含的自身实现细节与数据隐藏起来，对于其他不需要这些信息的模块来说是不能访问的，而且每个模块只完成一个相对独立的特定功能。模块之间仅仅交换那些为完成系统功能必须交换的信息，即模块应该独立。

3．模块独立性的判定准则

为了降低系统的复杂性，提高可理解性、可维护性，必须把系统划分为多个模块。但模块不能任意划分，应尽量保持其独立性。模块的独立性指每个模块只完成系统要求的独立的功能，并且与其他模块的联系尽量少且接口简单。

（1）模块的耦合

耦合度是对软件结构中模块关联程度的一种度量。独立性高的模块，模块之间必然存在较低的耦合度。反之，模块之间的联系越紧密，其耦合度就越强，模块的独立性就越差。模块之间的耦合度取决于模块间接口的复杂性、调用方式及通过界面（页面）传递的数据多少等。模块间的耦合程度直接影响系统的可理解性、可测试性和可维护性。

软件模块的耦合度分为 7 级，即非直接耦合（Nodirect Coupling）、数据耦合（Date Coupling）、控制耦合（Control Coupling）、特征耦合（Stamp Coupling）、外部耦合（Extenal Coupling）、公共耦合（Common Coupling）和内容耦合（Content Coupling）。

一般来说，软件设计时应尽量使用数据耦合，减少控制耦合，限制外部耦合和公共耦合，杜绝内容耦合。

（2）模块的内聚

决定系统结构的另一个因素是模块内部的紧凑性，即模块的内聚。模块的内聚与模块之间的耦合实际上是一个问题的两个侧面。独立性高的模块必然存在较低的模块耦合度；从另一个侧面看，必然存在紧密的内部聚合度。组成模块的功能联系越紧凑，内聚度就越高。

内聚度按其高低程度可以分为 7 级，即偶然性内聚（Coincidental Cohesion）、逻辑性内聚（Logical Cohesion）、时间性内聚（Temporal Cohesion）、过程性内聚（Procdural Cohesion）、通信性内聚（Communicational Cohesion）、顺序性内聚（Sequential Cohesion）和功能性内聚（Functional Cohesion）。

在软件设计时，应该能够识别内聚度的高低，并通过修改和设计尽可能地提高模块的内聚性，从而获得较高的模块独立性。

3.4.2 抽象与逐步求精

抽象是认识复杂现象过程中经常使用的一种思维方式，也是心理学的概念，它要求人们将注意力集中在某一层次上考虑问题，而忽略那些低层次的细节。所谓抽象，就是高度概括事物主要的或本质的特性，暂时忽略或不考虑其细节。

在软件开发过程中经常会应用到抽象的概念，每一次都是对较高一级抽象的解进行一次具体化的描述。在系统定义阶段，软件系统被描述为基于计算机大系统的一个组成部分。在软件需求分析阶段，软件使用用例建模表达问题域。在软件设计阶段，细化用例建模，在不同级别上考虑和处理问题的过程。在架构设计阶段，考虑更多的是系统构架、模块之间的关联，描述的对象是直接构成系统的抽象组件。而详细设计阶段则实现系统的构架，将这些抽象组件细化为实际的组件，如具体某个类或对象，其抽象级别再一次降低。编码完成后，便达到了抽象的最低级。

逐步求精是与抽象密切相关的一个概念。求精的每一步都是用更为详尽的描述替代上一层次的抽象描述，故在整个设计过程中产生的具有不同详细程度的各种描述组成了系统的层次结构。层次结构的上一层是下一层的抽象，下一层是上一层的求精。

项目 4 编码实现

工作任务 4.1　结构化程序设计方法

结构化程序（Strutured Programming，SP）设计方法是由 E.Dijkstra 在 20 世纪 70 年代首先提出的，他主张用顺序、选择和重复 3 种基本控制结构嵌套来组成具有复杂层次的“结构化程序”。每种基本控制结构只有一个出口和一个入口，并完成单一的操作。结构化程序设计方法支持自顶向下、逐步求精的设计思想。

与非结构化程序相比，结构化程序有较好的可靠性、易验证性和可修改性。结构化程序设计方法严格控制 GOTO 语句的使用。此外，结构化程序设计方法对编程格式也有一些规定，如程序行以锯齿排列，每个模块长度限制在一到两页中，且每行只有一条语句等。同时，应在程序中加上必要的注释，以说明程序的功能，从而提高程序结构的清晰度和可读性。

结构化程序设计最重要的优点就是它的清晰性。程序设计的主要工作和困难主要表现在解决问题的复杂性和向他人解释编程思路的困难性上。而结构化设计能清楚地表示程序的控制结构，并能较好地适应自顶向下或者自底向上的程序设计技术。

工作任务 4.2　程序设计风格

软件编码中一个十分重要，但往往被人们所忽视的问题是程序设计风格。人们经常认为，所谓风格只不过是一种个人偏好问题，是一种个性的标志。但是，不管各自特点如何，任何一种好的风格都有某些共同之处。好的风格简单、一致并遵守标准规范.其规则也容易理解，即好的程序设计风格能够清楚地表现出编码人员所要表达的内容。

为了使编写的程序易于被人看懂，读起来流畅，必要时又容易修改，在编写程序时必须遵守一些规则。这就是程序设计风格的基本要求，它包括源程序、数据说明、语句结构等几个方面。

工作任务 4.3　源程序

编写源程序通常要考虑的问题包括符号名、程序注释行、空行和缩进等。

4.3.1 符号名命名规则

符号名包括变量名、标号名、模块名和子程序名等。虽然符号名的命名有很大的随意性，一般由设计者决定，但从易于识别和理解的要求出发，应该选用一些有实际意义的标识符。在限制符号名字符个数的情况下，也应采用有意义的标识符的词头。是否适当地选择变量名是影响程序可读性的一个关键。

选择有意义的变量名的一些准则如下。

（1）使用能够表明过程所完成的逻辑功能或变量意义的名字。

（2）不要自造或使用别名。

（3）要尽量避免各名字视觉上的相似，使每个名字与众不同。

（4）如果使用外语，应避免使用一些拼法反常的词汇。

（5）充分利用程序语言允许建立有意义的名字的有利条件。

（6）频繁使用的局部变量应采用较短的缩写名字(例如循环标号和下标)。对于很少使用的全局变量，则采用较长的、描述性较强的名字。

（7）使用前后一致的缩写方式，以缩短变量名。

（8）采用一个公共前缀来标识那些在逻辑上组合在一起的变量，例如包括在一个文件记录中的所有数据项或某一过程的所有局部变址等。

（9）命名时注意不要使用语言中的关键字（保留字）。

（10）与数据字典中提供的数据名一致。

4.3.2 程序注释行

夹在源程序中的注释行能帮助读者理解程序，大多数程序设计语言允许使用自然语言来写注释行，以给阅读程序带来方便，它是源程序中必不可少的一部分。在一些程序中，注释行占了整个程序文件的 1/3～1/2，甚至更多。

特别是写在程序开头的序言性注释，有些软件开发部门将其当做必须遵循的规范，并有严格规定。其中有些项目必须逐一列出。

- 程序标题。
- 目的、功能。
- 调用形式、参数含义。
- 输入数据。
- 输出数据。
- 引用的子程序。
- 相关的数据说明。
- 作者与审查者。
- 最后修改日期。

4.3.3 空行和缩进

自然的程序段用空行隔开，可以使程序清晰易读。缩进是为了避免所有的代码行都从某一列开始，不分层次。缩进按照程序中的逻辑关系，在不同代码行的开头字符位置不同，做到错落有序、层次分明。

结构编码一般包括下述内容。

（1）一行一条语句。

（2）如果一条语句需要多行，则所有的后续行往里缩进。

（3）缩进选择结构中的真假分支部分，以便更清楚地标识其范围。

（4）使用一种缩进格式来着重指明用于指引程序执行顺序的控制结构。

缩进格式有时会导致程序语句延续到下一行(例如，在多层嵌套的程序），从而使得程序代码以至程序逻辑更难读懂。一种解决办法是限制嵌套层数。通常，在结构良好的程序中，最多允许3层嵌套。这种限制的目的是保证可读性和可理解性。

在对程序进行缩进处理时还应注意，不适当的缩进方式（不正确或者前后不一致的缩进格式）也会搅乱对程序的阅读，引起很大的混乱。缩进格式可以增加读者对程序的信心，但也可能使读者认为程序编制得不错，程序逻辑一定没有问题。

此外，还可以通过插入空行来强调一个功能单元控制结构的范围。

4.3.4 数据说明

数据说明在每个程序中都会用到，从便于阅读、维护的要求考虑，最好使数据说明规范化。例如：规定说明次序如下。

- 简单变量说明。
- 公用数据块说明。
- 数组说明。
- 文件说明。

在文件说明中，多个符号最好按字典顺序排列，这样对于方便查找、加快侧试和纠错都十分有利。

4.3.5 语句结构

程序语句应该简明，不要使用否定的逻辑条件。例如，if(! (A>B)) ,这样很不直观。不要在语句中使用所谓的“技巧”，因为这样会给后来的工作带来麻烦。复杂的表达式最好采用括号来表示运算的优先次序，避免造成误解。不要只求执行速度而忽略了程序的简明性、清晰性。应该懂得，牺牲了程序的简明性和清晰性，实际上就是牺牲了程序的可靠性和正确性。

此外，还应该做到尽可能地利用现成的函数，避免进行浮点数的相等比较，少用临时变量，如果使用的逻辑表达式不够直观、难于理解，应先对其进行变换等。

工作任务 4.4 源代码文件

源代码文件还提供某些额外的信息来提高可读性，从而更清楚地表达程序的含义。用来说明程序功能的注释可以提高程序的可读性，而用来解释程序指令如何工作的低级注释，可能会不利于人们查看指令流程，并使需要阅读的文本大大加长，从而降低程序的可读性。

源代码文件给出了理解程序的3个级别。即：

- 综合。
- 程序组织。

● 程序指令。

每一级都提供比上一级更加详细的程序介绍。对于程序维护来说，这 3 级文件内容都是不可缺少的。如果对程序的功能及其实现没有一个整体的了解，程序员要想有效地估计扩充或缩减这些功能的可能性是十分困难的。如果不知道程序的各个部分是怎样装配在一起的，也就不能正确地判断对某一部分程序的修改会给程序其他部分带来什么影响。如果不了解程序的各条指令，也就很难找到程序出错的真正原因.从而无法彻底纠正错误。

4.4.1 综合文件

综合文件向读者介绍程序的概貌，是三级源代码文件中最基本的，也是最重要的。尽管可以频繁修改程序以满足不断变化的需求，但程序总的功能和原来的设计思想通常保持不变。

综合文件包括以下各项内容。

（1）综合的功能概述。说明各基本功能部分及其相互关系。

（2）综合的数据库概述。描述整个系统中数据的作用，包括主要的文件、数据结构和群集等。

（3）简要说明基本设计思想和所采用的程序设计风格，给出逻辑数据模型。

（4）指明资料文件的存放处。包括设计备忘录、问题报告、版本说明、新公布的注意事项以及错误统计等。

（5）说明如何得到更详细级别的内部源代码文件、操作说明以及用户手册。

综合文件应该包括在程序代码中，以注释形式出现在源程序清单的开头。综合文件应当简意赅，具有概括性，且无论是专业人员还是非专业人员都能读懂。一般建议综合文件采用文字叙述形式，因为文字叙述比流程图更容易记忆。

综合文件应该由编写程序的程序员来编制。应该在写第一行源代码之前先写出综合文件。即使在有自动文件生成器的情况下，综合文件也应由人工建立。手工编制文件也给程序员提供了一种机会，使他们能够在进行编码前，复查一下程序要做些什么。

4.4.2 程序组织文件

程序组织文件起着程序目录的作用，用来定义名字、位置和各部分程序的功能。程序组织文件对读者应有的程序设计技能的要求比综合文件更高一级，并且要求程序应由一组在功能上和操作上都相互独立的部分构成。当程序员要查找程序错误或修改程序时，就会用到程序组织文件。

建议采用下述两种类型的程序组织文件。

（1）表示程序结构、数据结构及控制结构的图示文件。

即使从一个结构良好的程序的代码中也很难识别出来程序模块间的相互关系及控制结构，因此采用图示法来描绘程序的组织结构将更为清楚明了。通常使用以一个单线条图框代表系统流程图或结构框图中的每个程序模块的方法。除了小型程序外，若过多地画出程序细节，会使整个图形过于庞大而不实用。

（2）介绍每一程序摸块及数据结构的程序注释。

可以采用“成块”理论来编写明确的程序注释。因为程序员通常不是逐行地去弄懂某个程序，而是将指令归并，形成更高一级且更易理解的组合。

在源代码中，注释块应该放在每一模块之前，其目的是向程序阅读者介绍该模块，说明该模块的作用。模块的具体操作不在注释中描述，而最好让读者通过阅读代码来了解。当模块编码工作完成时，程序员就要写出注释块。每一次修改模块后，还要更新相应的注释块。模块注释应包含的内容如下。

- 模块目的，简单说明摸块的作用。
- 有效期（最后修订本）。
- 有效范围，使用限制和算法特异性。
- 精确度要求。
- 输入/输出。
- 错误恢复类型和过程。
- 说明对模块的修改给程序其他部分带来什么影响——特别是对公用模块。

由于某些程序模块比较难理解，程序员必须斟酌哪些信息最有帮助。把那些只要读一下代码便可知道的信息也编入文件中，无助于提高程序的可读性。

4.4.3　指令级注释

指令级注释应该尽量少用。好的文件并不意味着要对每条程序指令、每一个控制过程、每个决策点等硬性规定的东西都给出注释。这一类的注释内容甚至可能有损程序的可理解性。

指令级注释应该只用于特殊情况，例如说明某个少见的或复杂的算法，指出最容易出错的程序段及有可能混淆之处。指令级文件无论在哪里使用，在注释的前后都要各插入一个空行使其更加醒目。

工作任务 4.5　程序设计技术

在编码过程中，一些重要的程序设计技术和方法，例如冗余程序设计、防错性程序设计等，也有助于有效地提高软件系统的质量。

4.5.1　冗余程序设计

改善系统可靠性的一个重要技术是冗余技术。在硬件环境，人们通过提供额外的元件或与主系统平行操作的系统，连接成使各个部分平行地操作，如果一个有故障，则由冗余的部分维持系统操作。在另一些情况下，只有联机（主要的）部分在操作，当故障发生时，将备用部分接上去。前一种系统通常称为“平行冗余”，后一种系统称为“备用冗余”。

在软件环境中，上述概念有一部分是相同的，但有些必须改变。因为如果在两台计算机上的程序是相同的，则软件中的任何错误都会导致两台计算机上同样的错误。如果确定需要冗余软件，则必须考虑两个其有不同算法和设计，并实现相同计算的程序。

4.5.2　防错性程序设计

防错性程序设计技术分为主动和被动两类。被动的防错性技术可以是当到达某个检查点时，检查一个计算机程序的适当点的信息。例如，一个空中交通控制程序中处理雷达输入数据的部分，应该检查目标方位角是否在 0°～360°之间以及是否在 0 到最大雷达范围之内。主动的防错性技术可以是周期性地搜查整个程序或数据库，或者是在空闲时间内寻找不寻常的条件。如果认为在软件交付使用后很多错误是不可避免的，那么必须使用相应的防错性程序设计。

在防错性程序设计中，重要的是考虑检查的对象是什么。为此，可以准备一组表格来帮助做出决定。表 4-1 列出了需要检查的典型项目。

表 4-1 在防错性程序设计中需要检查的典型项目

序 号	项 目
1	从外部设备输入的数据(范围、属性)
2	由其他程序提供的程序
3	数据库(数组、文件、结构、记录)
4	操作、输入(顺序、性质)
5	栈的深度
6	数组限制
7	在表达式中一个被除数的可能性
8	是不是所要求的程序版本正在运行(系统重新配置的日期)
9	到其他程序或外部设备的输出

4.5.3 程序的质量

评价一个程序的设计质量需要考虑诸多因。另外，对不同设计题目的质量要求，侧重的方面也是不同的。但对大多数程序的设计质量要求而言，一般考虑以下 5 个方面。

（1）正确性。计算机程序如果不能正确地运行则毫无价值。一个好的程序必须在它运行过程中可能遇到的各种条件下，都能保证正确地运行。正确性是通过算法的精心设计和详尽的检查来实现的，有时也可以用类似证明数学定理的方法来证明程序的正确性。

（2）清晰性。一个完整的程序设计是按一定的结构把程序的各个部分组合在一起的。程序结构必须与程序的数据相适应，同时应能反映程序操作的逻辑流程。

设计程序最广泛采用的方法是“模块化程序设计”。模板的输入和输出要作为执行过程精确定义。

（3）易修改性。若能容易地对程序进行不同程度的修改和扩充，则认为其具备易修改性。如果程序是模块化结构，则修改部分模块甚至取代部分模块，对程序的总体结构不会产生影响，很容易实现易修改性的目的。

（4）易读性。一个优秀的程序本身应当是容易看懂，这尤其便于程序的交流和维护。易读性可通过变量名的精心选择、清楚的指令安排以及适当的注释来实现。

（5）简单性。简单的过程结构容易理解、容易校验、容易证明、容易修改。把复杂的程序简化，把复杂的作业用简单的程序结构表示，需要具有娴熟的技巧、较长时间的程序设计经验以及足够的耐心。

4.5.4 编译程序和解释程序

多数高级语言程序在执行之前需要使用编译器把它翻译为低级指令。这时，用高级语言编写的程序名称为源代码，编译后的程序称为目标代码。

编译程序最终把程序编译成可执行的代码。因此，调试源程序需要 3 步：写程序、编译程序和运行程序，一旦发现程序有错，必须修改源程序并重新编译，然后才能再测试。对于编译完成后没有错误的程序，在运行时就不编译了。

解释程序是用解释器而不是用编译器来生成可执行代码。运行一个解释性程序设计语言编写的程序时，语言解释器读取一条指令，然后把它转化成可执行的机器语言指令，执行完这条指令后解释器再读入下一条指令并将其解释成机器语言指令，如此继续。解释性程序设计语言编写的程序执行速度慢，尤其是循环语句多的程序效率就更低，因为计算机必须解释每一条语句，循环语句就要重复解释多次。但调试解释性语言程序时不用编译，因此调试所花费的时间可能要少一些。

工作任务 4.6　编程语言的特点

在过去几十年间出现了上百种编程语言。一些程序设计语言的开发是为了提高编程效率、降低出错率，另一些则为专门的编程目的提供高效的指令集。这些语言在描述如何工作和如何为合适的任务类型提供信息时各具特色。在选用程序设计语言时，了解这些语言的特色和它们的优缺点将很有帮助。

4.6.1　过程性语言

用过程性语言编写的程序包含一系列语句，告诉计算机如何执行这些过程，从而完成特定的工作。带有过程性特征的语言称为过程性语言。

过程性的编程语言适合那些顺序执行算法。用过程性语言编写的程序有一个起点和一个终点。程序从起点到终点的执行流程是线性的，即计算机从起点开始执行写好的指令序列，直到终点为止，如图 4-1 所示。

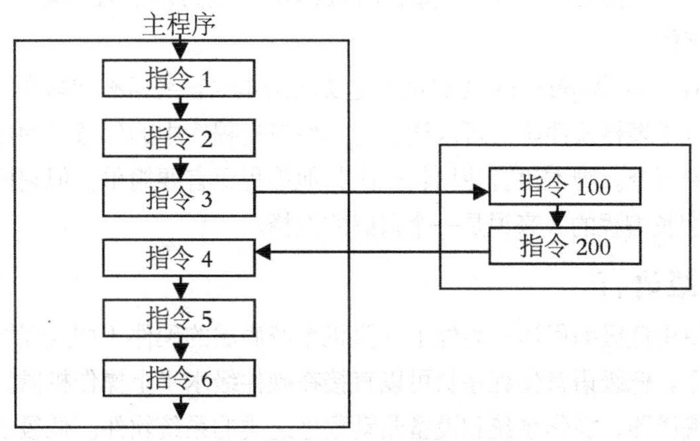

图 4-1　顺序执行过程性语言

4.6.2　说明性语言

说明性语言程序具体说明问题的规则并定义一些条件即可。语言本身内置了方法，把这些规则解释为一些解决问题的步骤，这样就把编程的重心转移到描述问题及其规则上，而不再是数学公式。因此，说明性语言更合适于思想概念清晰，但数学概念复杂的编程工作。

不同于过程性语言程序，用说明性语言编写程序只需告诉计算机要做什么，而不需告诉它如何去做。图 4-2 所示是一段 Prolog 程序，目的是在所列的几个人中找出谁有姐妹。

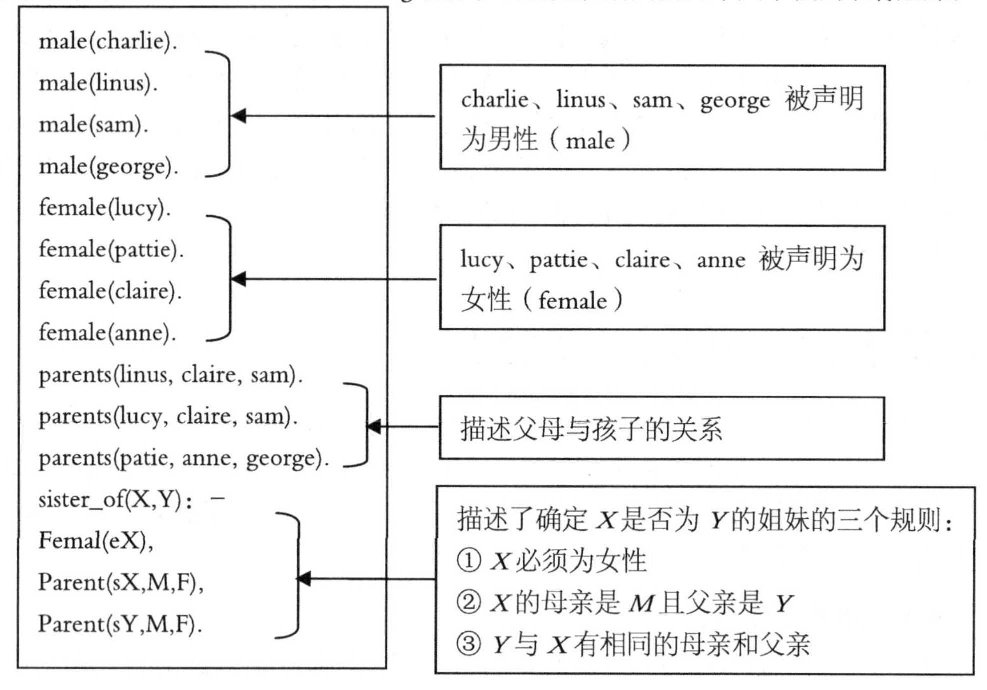

图 4-2　一段 Prolog 程序实例

4.6.3　脚本语言

HTML 一般归为脚本语言。脚本语言以脚本的形式定义一项任务，脚本不能单独运行，其运行需要依附一个主机应用系统。例如，用 HTML 标签为显示网页编写一个脚本，这个脚本由浏览器软件解释。

诸如 Visual Basic for Application（VBA）之类的脚本语言经常被包含在一些应用程序中，如字处理软件和电子表格软件等。可以通过脚本使应用程序中的任务自动化，这些自动化例程即通常所说的宏指令。脚本语言使用起来比其他编程语言要简单，但它提供的控制选项很少。HTML 对不擅长编程的人来说是一个很好的选择。

4.6.4　低级语言

程序员需要使用低级编程语言为处于计算机系统底层的硬件（如处理器、寄存器和内存地址等）编写指令。低级语言使程序员可以直接在硬件级水平上操作机器。程序员通常使用低级语言编写如编译器、操作系统和设备驱动程序之类的系统软件。低级语言中的指令一般和处理器的指令相对应。

使用低级语言编程，即使是两数相加这样简单的操作也要数条指令才能实现。表 4-2 就是使用低级汇编语言编写的一段程序，其目的是累加两个数。

机器语言是二进制的计算机能直接执行的低级语言。机器语言对人们来说既难理解又难掌握，只在早期高级语言还没出现时使用过。

表 4-2　低级汇编语言指令示例

汇编语言指令	指令含义
LDA 5	将 5 放入累加器中
STA Num1	将 5 放在地址为 Num1 的内存位置
LDA 4	将 4 放入累加器中
ADD Num1	把内存地址 Num1 中的数据与累加器中的数据相加
STA Total	将累加和存入地址为 Total 的内存位置
END	程序结束

4.6.5　高级语言

高级语言提供给程序员的指令更像是人类的自然语言。20 世纪 50 年代，科学家刚开始构思高级语言时，曾经以为使用高级语言可以减少编程中的错误。但事实相反，语法错误和逻辑错误却更容易出现。不过，高级语言大大缩短了编写程序的时间。

高级语言程序必须翻译成计算机能够执行的指令，因此需要进行编译或者解释。

1．面向对象程序设计语言

面向对象程序设计语言是建立在用对象编程的方法之上的。对象就是程序中使用的实体或“事物”。例如屏幕上的按钮就是一个对象，我们已经习惯于用鼠标单击一个按钮，程序员可以使用面向对象的语言来定义按钮对象，在程序运行时把它显示出来。

对象属于一个具有一定特性的类或组。“窗口”类有面向对象的属性和操作，但一个特定的窗口实例可以具有自己特定的属性，如标题、大小、位置等均可不同。

同一对象可应用在不同的程序中，这就扩大了程序的生产率。例如，许多应用软件都给用户文件提供了“打开”、“保存”、“另存为”、“打印”等操作，如果编写这样的应用程序，定义一些对象来完成这些操作会很方便，只要程序中用到这些操作，随时都可调用这些对象。

2．事件驱动语言

程序事件是指程序必须给出响应的动作或表现，比如按键和单击鼠标。程序员用事件驱动语言编程可以使程序随时检测并响应事件。使用图形界面的程序大部分都是事件驱动的，它们在屏幕上显示诸如菜单这样的控件，并在用户作用于控件时采取一定动作。事件驱动的程序中，代码段要和图形化的对象相关联，比如命令按钮和图标。用户操作某一对象时产生一个事件，比如单击“继续”按钮，该事件就会触发与此对象关联的指令并执行。

实际上，面向对象程序中的对象是由程序设计者生成的，但程序员可以购买一些称为“构件”（也称“组件”）或“库”的对象。构件是事先写好的对象，程序员可以应用到自己的程序中。使用构件编程就称为构件程序设计。

程序员可以选择各种各样的构件来增强功能，例如电子表格、数据库管理、专家系统、报表生成、在线帮助、数据查询、文字编辑和 3D 图形等。

3．选择编程语言

跟人类的自然语言一样,程序设计语言也在不断地改变和进化。计算机语言的变化是逐步的和有结构的，它往往是随着该语言的发行厂商的修改或标准化组织对其进行标准化而发生变化。

通常情况下，一项工程可以用不同的编程语言来实现。在选择编程语言时，应该考虑以下问题。

- 这种编程语言是否适合于手中的任务。
- 这种语言在其他的应用程序中是否也经常使用。
- 项目小组的成员是否都精通这种语言。

如果这些问题的回答都是肯定的，那么这种语言对这项工程是一个很好的选择。了解一些流行语言的特性对回答第一个问题会有帮助。

BASIC 是为初级编程者设计的，自从 1964 年问世以来，已经出现了几种流行的版本。由于 BASIC 容易使用并适合于各种计算机系统，成为最流行和最广泛使用的语言之一。BASIC 是一种过程性的高级语言，它的大多数版本都是解释执行的，但也有一些是编译执行的。

BASIC 的一些新版本，像微软的 Visual Basic（VB）就是综合性且功能强大的编程语言，适合于专业编程项目，尤其适合于带有图形界面的事件驱动程序设计。

COBOL 语言创立于 1959 年，曾在 1968 年进行过一次标准化，并于 1974 年重新发行。从那时起，它就基本上没有再变化。COBOL 语言适合于大型计算机系统上的事务处理，是编译执行的过程性高级语言，主要被一些专业程序员用来开发和维护大型商业集团的复杂程序。COBOL 程序往往很长，但容易读懂（就英语而言）、调试和维护。这种特性对于大型商业组织机构尤其重要，因为许多重要的程序必须由不同的程序员维护和修改。

FORTRAN 出现于 1954 年，几次更新，是目前仍在使用的最早的高级语言。FORTRAN 一般被科学家用来写大型机和小型机上的科学计算程序和工程程序。FORTRAN 语言在 1966 年进行标准化以后，分别于 1977 年和 1990 年重新发行。

Pascal 开发于 1971 年，是编译执行的过程性高级语言，它开了结构化程序设计的先河。但 Pascal 很少用于专业编程和商用软件的开发，主要用于帮助学生学习计算机编程。

C 语言是编译执行的过程性高级语言，并带有低级语言的接口，这种特性给程序员带来很大的灵活性。利用这种灵活性，有经验的程序员可以使他们的程序执行速度快、效率高。但这也使 C 程序难于理解、调试和维护。

C++是支持面向对象的 C 语言。许多人认为 C++的面向对象特性可以提高程序员的效率，但面向对象程序设计的思维方式与过程性设计迥然不同，因此刚刚接触 C++编程的程序员往往觉得困难重重。

Visual C#.NET 是 Visual Studio 系列中的最新成员。这种新语言基于 C/C++，但它深化了更容易使用面向组件编程的发展方向。C/C++程序员应该非常熟悉它的语法。

LISP 和 Prolog 是说明性高级语言，一般用于开发专家系统。LISP 和 Prolog 分别开发于 1960 年和 1971 年，相对于过程性语言并没有很流行，或许是因为早期的计算机应用程序一般用于处理一些需要简单重复运算的任务，这正是过程性语言所擅长的。那些需要对字符数据进行复杂的逻辑处理的任务则适于用说明性语言来实现。

SQL 是为数据库的定义和操作而开发的一种标准语言。SQL 是说明性的高级语言，只需程序员和用户对数据库中数据元素之间的关系和读取信息的类型予以描述。虽然数据库也可用 COBOL 等过程性语言操作，但 SQL 语句由于更适应数据库操作而效率更高。

Java 和 J++是以 C++为基础，但更适于网络应用的面向对象的高级语言。Java 和 J++尤其适合于生成网页上栩栩如生的图画，其中包含用户定制的图像按钮、复选框和文字输入框之类的网页控件。当浏览器和附有 Java 和 J++程序的网页连接时，计算机就会下载这段程序并执行。由于程序是在用户计算机上而非网络服务器上运行，在输入和接受响应时就避免了传输时间。Java 和 J++有一个很大的不同之处：Java 是一种独立于平台的语言，这意味着 Java 程序不但能在微机上运行，而且可运行在 Macintosh 和 UNIX 下。J++提供给程序的工具要求 Windows 的支持，使用这些工具可以编出更快、更高效的应用程序，但它只能运行在 Windows 操作系统下。

注意不要把 JavaScript 和 Java 混淆起来，JavaScript 属于脚本语言，只是 Java 的一个子集。JavaScript 就像 HTML 标签一样是嵌入网页内的。网络浏览器接收到一个网页时便解释 JavaScript，JavaScript 的主要用途是交互地生成网页。

8086 汇编语言是一种低级语言，由一些容易记忆的短语组成，计算机易于将它们转换成其他语言。8086 汇编语言指令集只适用于 Intel 8086 微处理器，用它编写的程序只能运行在装有 x86 系列微处理器的计算机上，现在 8086 汇编语言主要用在那些程序尽可能短的或速度要求很高的场合。专业的程序员把 8086 汇编语言嵌入应用程序使其执行速度更快，而编写系统软件是为了控制计算机硬件。

因为计算机语言多年才修订一次，所以程序员们完全可以把在大学里学习的程序设计方法在工作中用上很多年，通过熟练掌握一门计算机语言，并逐步积累丰富的经验，为以后的工作提供便利。

工作任务 4.7　编码文件与复审

软件编码阶段的主要文件是没有语法错误的源程序。显然，语法上没有错误的程序模块，在语义上不一定是正确的。也就是说，没有编译错误，并不意味着程序模块的功能也没有错。我们可以通过以后的软件测试，来检验源程序的语义正确性。

在软件编码阶段结束前，应该对每个程序模块的源程序进行静态检查。静态检查应着重检查以下 3 点。

（1）程序对详细设计的可追踪性和程序模块的正确性。

（2）内部文件和程序的可读性。

（3）结构编程标准和语言使用得当。

因为编写程序是一种含蓄的详细设计检查，可以发现较小的设计错误。详细设计与程序彼此对应是绝对必要的，所以如需要修改程序，应从相应的详细设计开始。

工作任务 4.8　高校毕业设计选题系统编码实现

4.8.1　登录功能

该模块实现登录功能，要求使用者输入用户名、密码并选择身份，输入验证正确后，进入到相应的首页页面，登录界面如图 4-3 所示。

图 4-3　登录界面

登录实现代码如下。

```
 protected void Btnsure_Click(object sender, EventArgs e)
{     if (DropDownList1.SelectedValue.ToString() == "0")   //判断下拉选框的
值，对应用户组
        {    string strsql = "select * from tb_teacher where teacher_name='" +
username.Text + "'and password='" + loginpassword .Text + "'";
             DataTable dt = DbManager.ExecuteQuery(strsql);
             if (dt.Rows.Count > 0)
             {  Session["teachername"]=dt.Rows[0]["teacher_name"].ToString();
//获取姓名
                Session["teacherid"] = dt.Rows[0]["teacher_id"].ToString();
//获取 ID
                Session["deptid"] = dt.Rows[0]["dept_id"].ToString();
                Response.Write("<script>alert('登录成功')</script>");
                Response.Redirect("~/teacher/T_index.aspx");
             }
             else
                Response.Write("<script>alert('用户名或密码错误！') </script>");}
        if (DropDownList1.SelectedValue.ToString() == "1")
        {     string  strsql  =  "select  *  from  tb_subteacher  where
subteacher_name='"   +   username.Text   +   "'and   subteacher_password='"   +
loginpassword.Text + "'";
             DataTable dt = DbManager.ExecuteQuery(strsql);
```

```
            if (dt.Rows.Count > 0)
            {  Session["subteachername"] = dt.Rows[0]["subteacher_name"].
ToString();
                Session["subteacherid"] = dt.Rows[0]["subteacher_id"]. ToString();
                Session["deptid"]=dt.Rows[0]["dept_id"].ToString();
                Response.Write("<script>alert('登录成功')</script>");
                Response.Redirect("~/subteacher/sub_index.aspx");
            }
            else
                Response.Write("<script>alert(' 用 户 名 或 密 码 错 误 ！ ')</
script>");
    }
        if (DropDownList1.SelectedValue.ToString() == "2")
        {    string strsql = "select * from tb_student where
student_name='"+username.Text+"'and password='"+loginpassword.Text+"'";
            DataTable dt = DbManager.ExecuteQuery(strsql);
            if (dt.Rows.Count > 0)
            {  Session["studentname"] = dt.Rows[0]["student_name"]. ToString();
                Session["studentid"] = dt.Rows[0]["student_id"].ToString();
                Session["classid"]=dt.Rows[0]["class_id"].ToString();
                Response.Write("<script>alert('登录成功')</script>");
                Response.Redirect("~/student/S_index.aspx");  }
            else
                Response.Write("<script>alert('用户名或密码错误！ ')</script>
"); }
        if (DropDownList1.SelectedValue.ToString() == "3")
        {  string strsql = "select * from tb_admin where admin_name='" +
username.Text + "'and password='" + loginpassword.Text + "'";
            DataTable dt = DbManager.ExecuteQuery(strsql);
            if (dt.Rows.Count > 0)
            {  Session["adminname"] = dt.Rows[0]["admin_name"].ToString();
                Session["adminid"] = dt.Rows[0]["admin_id"].ToString();
                Response.Write("<script>alert('登录成功')</script>");
                Response.Redirect("~/admin/a_index.aspx"); }
            else
                Response.Write("<script>alert('用户名或密码错误！')</script>");
    } }
```

4.8.2 申报课题

该模块功能是教师在线拟定毕业设计课题，审核通过后由学生自愿选择。选择系别、专业、课题类别、课题来源、课题难度、工作量都是用的下拉选框，减少老师的工作量，使得系统非常人性化。申报课题界面如图 4-4 所示。

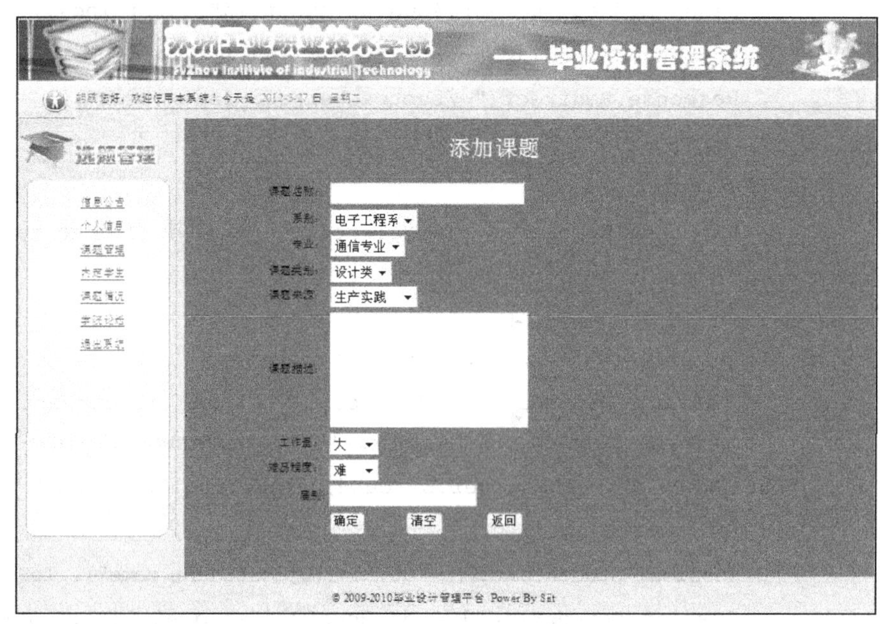

图 4-4 申报课题界面

申报课题代码如下所示。

```
 protected void Btnsure_Click(object sender, EventArgs e)
{       string name = T_name.Text;
        int deptid =  Int32.Parse(DropDownList1.SelectedValue);
        int classid = Int32.Parse(DropDownList2.SelectedValue);
        int type = Int32.Parse(DropDownList3.SelectedValue);
        int orgin = Int32.Parse(DropDownList4.SelectedValue);
        string des = T_des.Text;
        int work = Int32.Parse(DropDownList5.SelectedValue);
        int diffcult = Int32.Parse(DropDownList6.SelectedValue);
        int j = 0, i = 0;
        int ytime = Int32.Parse(TextBox1.Text);
        string strsql = "insert tb_topic
(teacher_id,topic_name,topic_describe,dept_id,class_id,datatime,state,
select_state,yeartime,type_id,origin_id,diffcult_id,work_id)  values(" +
Session["teacherid"] + ",'" + name + "', '" + des + "'," + deptid + "," + classid
+ ",'" + DateTime.Now.ToString() + "'," + j + "," + i + "," + ytime + "," + type
+ "," + orgin + "," + diffcult + "," + work + ")";
        if (DbManager.ExecuteNonQuery(strsql) > 0)
```

```
        Response.Write("添加成功！");
    Response.Redirect("T_topic.aspx");        }
```

4.8.3 审核并分配课题

1．审核课题

专业指导老师登录系统后审核本系教师申报的课题，并通过或者拒绝。审核课题界面如图 4-5 所示。

图 4-5 审核课题界面

审核课题代码如下所示。

```
    protected void GridView1_RowCommand(object sender, GridViewCommand
EventArgs e)
    {
    int topicid = Convert.ToInt32(e.CommandArgument.ToString());
    if (e.CommandName == "pass")//单击通过按钮
    {   int t_state = 1;
        string strsql = "update  tb_topic  set state=" + t_state + " where
topic_id=" + topicid;
        if (DbManager.ExecuteNonQuery(strsql) > 0)
            RegisterClientScriptBlock("01","<script>alert(' 已 通 过 !')
</script>");
    }
    if (e.CommandName == "refuse")//单击拒绝按钮
    {    int t_state = 2;
         string strsql = "update  tb_topic  set state=" + t_state + " where
topic_id=" + topicid;
```

```
            if (DbManager.ExecuteNonQuery(strsql) > 0)
                RegisterClientScriptBlock("01", "<script>alert(''已拒绝！')
</script>");     GridView1.DataBind();   }
    }
```

2. 分配课题

专业指导老师将审核通过的课题分配到不同的专业，方便学生在线选题。分配课题界面如图 4-6 所示。

图 4-6　分配课题界面

分配课题代码如下所示。

```
protected void Btnsure_Click(object sender, EventArgs e)
    {   int rownum = GridView1.Rows.Count;
        for (int i = 0; i < rownum; i++)
        {   CheckBox chk = GridView1.Rows[i].FindControl("CheckBox1") as
CheckBox;
            if (chk.Checked)
            {
                string strsql = "update  tb_topic  set confirm_class=" +
DropDownList4. SelectedValue + " where topic_id=" + (GridView1.Rows[i].
FindControl("Label1") as Label).Text;
                DbManager.ExecuteNonQuery(strsql);
```

```
            }
        }
        Response.Write("<script>alert('已通过！ ')</script>");
    }
    protected void GridView1_RowCommand(object sender, GridViewCommand
EventArgs e)
    {    int rownum = Convert.ToInt32(e.CommandArgument);   }
    protected void CheckBox2_CheckedChanged(object sender, EventArgs e)
    {   CheckBox chk = (CheckBox)sender;
        int rownum = GridView1.Rows.Count;
        for (int i = 0; i < rownum; i++)
        {    CheckBox chk1 = GridView1.Rows[i].FindControl("CheckBox1") as
CheckBox;
            if (chk.Checked)
            { chk1.Checked = true; }
            else
                chk1.Checked = false;
        }
    }
    protected void CheckBox1_CheckedChanged(object sender, EventArgs e)
  {
  Response.Write("您按下了 CheckBox");
    }
    protected void CheckBox2_CheckedChanged2(object sender, EventArgs e)
    {     CheckBox chk = (CheckBox)sender;
        for (int i = 0; i < GridView1.Rows.Count; i++)
        {   CheckBox check = GridView1.Rows[i].FindControl("CheckBox1") as
CheckBox;
            check.Checked = chk.Checked;
        } }
```

4.8.4 课题选择

1. 学生选择课题

学生可以通过模糊搜索自己喜欢教师的课题进行选择，选择过课题的学生不可以重复选择。学生选择课题界面如图 4-7 所示。

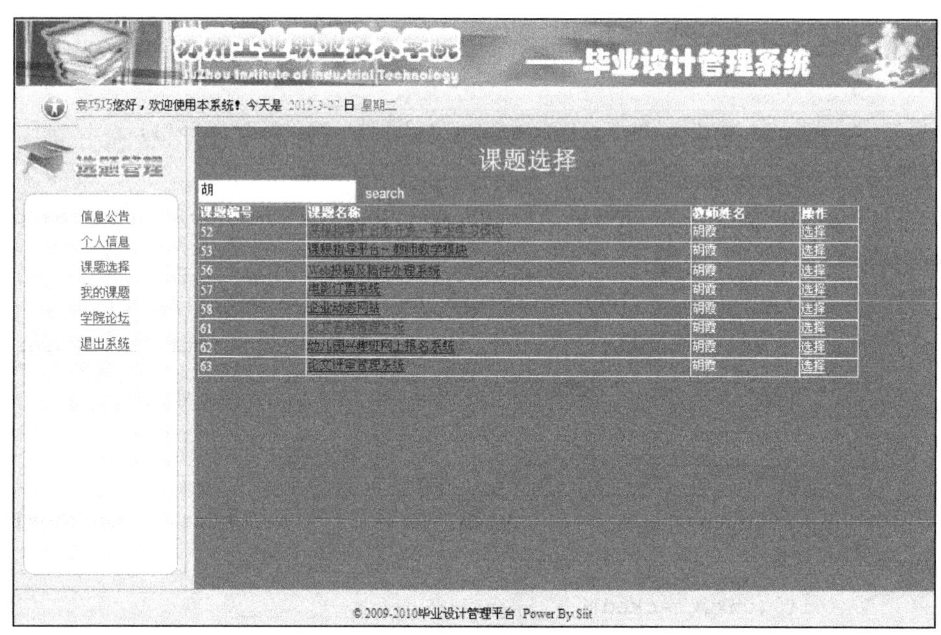

图 4-7　学生选择课题

学生选择课题代码如下所示。

```
protected void Page_Load(object sender, EventArgs e)
    {   if (!IsPostBack)//是否第一次加载事件
        {    string strsql1 = "  SELECT tb_topic.topic_id, tb_topic.topic_
name, tb_teacher.teacher_name, tb_topic.select_state, tb_class.class_id FROM
tb_topic INNER JOIN tb_teacher ON tb_topic.teacher_id = tb_teacher.teacher_id
INNER JOIN tb_dept ON tb_topic.dept_id = tb_dept.dept_id INNER JOIN tb_class
ON tb_topic.class_id = tb_class.class_id WHERE (tb_topic.state = 1) AND
(tb_topic.select_state = 0) AND tb_class.class_id =" + Session["classid"];
            DataTable dr = DbManager.ExecuteQuery(strsql1);
            GridView1.DataSource = dr;
            GridView1.DataBind();
        }
    }
        protected void Button1_Click(object sender, EventArgs e)
    {   string strsql = "  SELECT tb_topic.topic_id, tb_topic.topic_name,
tb_teacher.teacher_name, tb_topic.state, tb_topic.select_state, tb_class.
class_id FROM tb_topic INNER JOIN tb_teacher ON tb_topic.teacher_id = tb_teacher.
teacher_id  INNER JOIN tb_class ON tb_topic.class_id = tb_class.class_id WHERE
(tb_topic.state = 1) AND (tb_topic.select_state = 0) and teacher_name like'%"
+txt_name.Text + "%'AND tb_class.class_id =" + Session["classid"];
        DataTable dt = DbManager.ExecuteQuery(strsql);
        GridView1.DataSource = dt;
```

```
        GridView1.DataBind();
    }
    protected void GridView1_RowCommand(object sender, GridViewCommand
EventArgs e)
    {   int rowindex = Convert.ToInt32(e.CommandArgument);
        int rownum = Convert.ToInt32(e.CommandArgument.ToString());
        int j = 0;
        string strsql = "select * from tb_student where student_id=" +
Session["studentid"];
        DataTable dt = DbManager.ExecuteQuery(strsql);
        string n = dt.Rows[0]["state"].ToString();
        if (n == "0")
        {   string time3 = DateTime.Now.Year.ToString() + "." + DateTime.
Now.Month.ToString() + "." + DateTime.Now.Day.ToString();
            string strsql3 = "select * from tb_topic";
            DataTable db = DbManager.ExecuteQuery(strsql3);
            string time4 = db.Rows[0]["select_time"].ToString();
            System.DateTime time2 = System.Convert.ToDateTime(time4.ToString());
            System.DateTime time1 = System.Convert.ToDateTime(time3.ToString());
            if (time2 < time1)
            {   Response.Write("<script>alert('选题时间已结束！')</script>");
            }
            else
            {
    if (e.CommandName == "select")
                {   int t_state = 1;
                    int s_state = 1;
                    string str = "update  tb_student  set state=" + s_state +
" where student_id=" + Session["studentid"];
                    if (DbManager.ExecuteNonQuery(str) > 0)
                    {
                    strsql = "update  tb_topic  set select_state=" + t_state +
" where topic_id=" + (GridView1.Rows[rowindex].FindControl("topic_id") as
Label).Text;
                    string sql = "insert tb_order values(" + Session
["studentid"] + "," + (GridView1.Rows[rowindex].FindControl("topic_id") as
Label).Text + "," + j + ")";
                    if (DbManager.ExecuteNonQuery(sql) > 0)
                    }
```

```
                    if (DbManager.ExecuteNonQuery(strsql) > 0)
                        Response.Write("<script>alert('已选择，等待老师审核！')
</script>");
                }
            }
        }
        else
            Response.Write("<script>alert('已选择，不可重复选择！')</script>");
    }
```

2．我的课题

学生进入页面可以查看自己的课题是否审核通过，界面如图 4-8 所示。

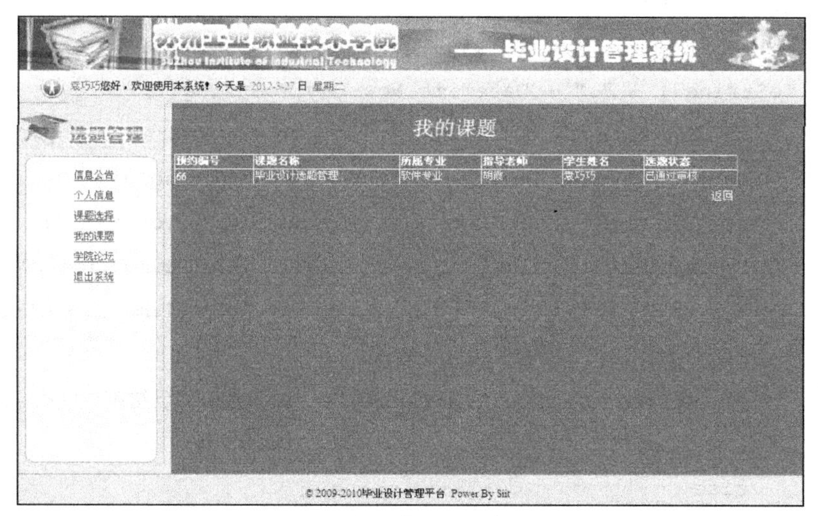

图 4-8　查看“我的课题”界面

4.8.5　内定学生

教师可以模糊搜索本系的学生，然后分配自己的课题给该学生。界面如图 4-9 所示。

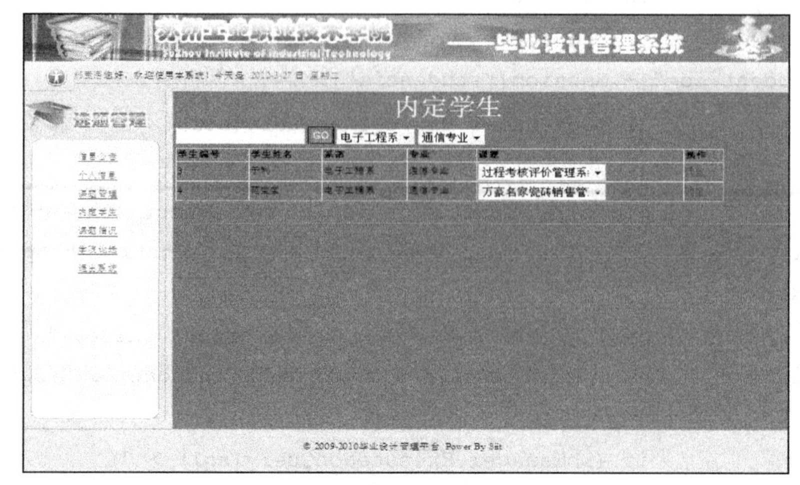

图 4-9　“内定学生”界面

内定学生代码如下所示。

```
protected void Page_Load(object sender, EventArgs e)
{
    if (!IsPostBack)
    {
        string strsql = "SELECT tb_student.student_id, tb_student.student_name, tb_student.state, tb_student.class_id,tb_class.class_name, tb_dept.dept_name FROM tb_student INNER JOIN tb_class ON tb_student.class_id = tb_class.class_id INNER JOIN tb_dept ON tb_student.dept_id = tb_dept.dept_id WHERE (tb_student.state = 0)";
        DataTable dt = DbManager.ExecuteQuery(strsql);
        GridView1.DataSource = dt;
        GridView1.DataBind();
    }
}
protected void Button1_Click(object sender, EventArgs e)
{       string strsql = "SELECT tb_student.student_id, tb_student.student_name, tb_student.state, tb_student.class_id,tb_class.class_name, tb_dept.dept_name FROM tb_student INNER JOIN tb_class ON tb_student.class_id = tb_class.class_id INNER JOIN tb_dept ON tb_student.dept_id = tb_dept.dept_id WHERE (tb_student.state = 0) and student_name like'%" + btn_search.Text + "%'" ;
    DataTable dt = DbManager.ExecuteQuery(strsql);
    GridView1.DataSource = dt;
    GridView1.DataBind();
}
protected void DropDownList3_SelectedIndexChanged(object sender, EventArgs e)
{   string strsql = "SELECT tb_student.student_id, tb_student.student_name, tb_student.state,tb_student.class_id, tb_class.class_name, tb_dept.dept_name FROM tb_student INNER JOIN tb_class ON tb_student.class_id = tb_class.class_id INNER JOIN tb_dept ON tb_student.dept_id = tb_dept.dept_id WHERE (tb_student.state = 0) and tb_student.class_id=" + Int32.Parse(DropDownList3.SelectedValue) + "";
    DataTable dt = DbManager.ExecuteQuery(strsql);
    GridView1.DataSource = dt;
    GridView1.DataBind();
    Session ["n"] = Int32.Parse(DropDownList3.SelectedValue);
}
```

```
    protected void GridView1_RowCommand(object sender, GridView Command
EventArgs e)
    {
    int i=0;
            int j = 1;
            int n = 1;
            int rownum = Convert.ToInt32(e.CommandArgument.ToString());
            int rowindex = Convert.ToInt32(e.CommandArgument);
            if (e.CommandName == "pass")
            {
       int  topic_id  = Int32.Parse((GridView1.Rows[rowindex]. FindControl
("DropDownList1") as DropDownList).SelectedValue);
                int id  = Int32.Parse((GridView1.Rows[rowindex]. FindControl
("Label1") as Label).Text);
                string strsql  =  "insert  tb_order  values("+id+","+topic_
id+","+i+")";
                string strsql2  =  "update tb_student set state="+n+" where
student_id="+id;
                if(DbManager.ExecuteNonQuery(strsql2)>0)
                { }
                string strsql1 = "update tb_topic set select_state="+j+" where
topic_id="+topic_id;
                if (DbManager.ExecuteNonQuery(strsql1) > 0)
                { }
                if (DbManager.ExecuteNonQuery(strsql) > 0)
                    Response.Write("<script>alert('已通过!')</script>");
        }
    GridView1.DataBind();
    }
```

4.8.6 导入教师和学生信息

1. 导入学生信息

管理员可以利用 Excel 表格导入学生的信息，界面如图 4-10 所示。

导入学生信息代码如下所示。

```
    protected void Btnsure_Click(object sender, EventArgs e)
    {
    if (fpInput.HasFile)            //fpInput为FileUpload控件,判断是否选择了文件
            {
    string fileExt = System.IO.Path.GetExtension(fpInput.FileName);//获取文
```

```
件名的后缀
            SqlCommand db = new SqlCommand();
            SqlConnection sqlcon = new SqlConnection("Data Source=(local);
Initial Catalog=ThesisSelectSystem;Integrated Security=True");
            db.Connection = sqlcon;
            sqlcon.Open();
            if (fileExt == ".xls")//判断文件后缀名是否是 xls
            {       try
                {
 string strConn = "Provider=Microsoft.Jet.OLEDB.4.0;Data Source=" + fpInput.
PostedFile.FileName + ";Extended Properties=Excel 8.0;";//以 xls 文件创建连接字
符串
                    OleDbConnection conn = new OleDbConnection(strConn);
                    OleDbDataAdapter oada = new OleDbDataAdapter("SELECT * FROM
[Sheet1$]", strConn);
                    DataSet ds = new DataSet();
                    oada.Fill(ds, "xlsTable");//填充 xls 中数据到数据集
                    DataTable dt = ds.Tables["xlsTable"];
                    for (int i = 0; i < dt.Rows.Count; i++)//循环读取 xls 文件中
的数据
                    {string strSql = "SELECT COUNT(*) FROM  tb_student WHERE
student_id='" + ds.Tables["xlsTable"].Rows[i]["学号"].ToString() + "'";
                        db.CommandText = strSql;
                        int iStNum = Convert.ToInt32(db.ExecuteScalar());
   if (iStNum == 0)
                        {
    strSql  =  "INSERT  INTO  tb_student  (student_id,student_name,password,
student_tel,student_avater,state,dept_id,class_id,student_qq) VALUES(" + dt.
Rows[i]["学号"].ToString() + ","
                                + "'" + dt.Rows[i]["学生姓名"].ToString() + "',"
                                + "'" + dt.Rows[i]["密码"].ToString() + "',"
                                + "'" + dt.Rows[i]["联系电话"].ToString() + "',"
                                + "'" + dt.Rows[i]["学生头像"].ToString() + "',"
                                + dt.Rows[i]["状态"].ToString() + ","
                                + dt.Rows[i]["所属系部"].ToString() + ","
                                + dt.Rows[i]["所属班级"].ToString() + ","
                                 + "'" + dt.Rows[i]["QQ 号"].ToString() + "')";}
                        else if (iStNum == 1)
                        {
```

```
                        strSql = "UPDATE tb_student SET "
                        + "student_name='" + dt.Rows[i]["学生姓名
"].ToString() + "',"
                        + "password='" + dt.Rows[i]["密码"].
ToString() + "',"
                        + "student_avater='" + dt.Rows[i]["学生头
像"].ToString() + "'
                        + "state=" + dt.Rows[i]["状态"].ToString()
+ ", "
                        + "dept_id=" + dt.Rows[i]["所属系部"].
ToString() + ", "
                        + "class_id=" + dt.Rows[i]["所属班级"].
ToString() + " "
                        + "WHERE student_id='" + dt.Rows[i]["学号
"]. ToString() + "'";
                    }
                db.CommandText = strSql;
                db.ExecuteNonQuery();
                GridView1.DataBind();
            } }
        catch (Exception exp)
        {
    Response.Write("<center>系统出现以下错误:" + exp.Message + "!请尽快与管理员联
系.</center>");
    }
        finally
        {
    sqlcon.Close();
    }
    }
    }
    else
    {
    Response.Write("<script>alert('请选择需要导入的文件!')</script>");
    }}
```

毕业设计后台管理系统

早上好,现在是：11时22分15秒

信息管理
用户管理
课题管理
系统设置
个人信息

导入学生信息

浏览... 确定

学生编号	学生姓名	系别	专业	联系电话	QQ号码
2023	李五	电子工程系	通信专业		
22	巧巧	生物系	化学技术	2	2
21	qq	信息工程系	动漫专业	12	11
20	4	管理工程系	商务专业	4	
19	3	机电工程系	模具专业	3	
18	2	信息工程系	软件专业	2	
17	1	电子工程系	通信专业	1	
16	薛美林	管理工程系	物流专业	15250471845	
15	周洁	管理工程系	商务专业	15250471214	
14	赵东	管理工程系	物流专业	13892533829	

1 2 3

Copyright © 2011毕业设计管理平台 Power By Siit

图 4-10　导入学生信息

2．导入教师信息

管理员也可以利用 Excel 表格导入教师的信息，界面如图 4-11 所示。

图 4-11　导入教师信息

导入教师信息代码如下。

```
    protected void Btnsure_Click(object sender, EventArgs e)
{   if (fpInput.HasFile)              //fpInput 为 FileUpload 控件,判断是否选择
了文件
        {   string fileExt = System.IO.Path.GetExtension(fpInput.FileName);
```

```
//获取文件名的后缀
            SqlCommand db = new SqlCommand();
            SqlConnection sqlcon = new SqlConnection("Data Source=
(local);Initial Catalog=ThesisSelectSystem;Integrated Security=True");
            db.Connection = sqlcon;
            sqlcon.Open();
            if (fileExt == ".xls")//判断文件后缀名是否是xls
            {
                try
                {
    string strConn = "Provider=Microsoft.Jet.OLEDB.4.0;Data Source=" + fpInput.
PostedFile.FileName + ";Extended Properties=Excel 8.0;";//以xls文件创建连接字
符串
                    OleDbConnection conn = new OleDbConnection(strConn);
                    OleDbDataAdapter oada = new OleDbDataAdapter("SELECT * FROM
[Sheet1$]", strConn);
                    DataSet ds = new DataSet();
                    oada.Fill(ds, "xlsTable");//填充xls中数据到数据集
                    DataTable dt = ds.Tables["xlsTable"];
                    for (int i = 0; i < dt.Rows.Count; i++)//循环读取xls文件中
的数据
                    {      string strSql = "SELECT COUNT(*) FROM tb_teacher
WHERE teacher_id='" + ds.Tables["xlsTable"].Rows[i]["教师编号"].ToString() + "'";
                        db.CommandText = strSql;
                        int iStNum = Convert.ToInt32(db.ExecuteScalar());
                        if (iStNum == 0)
                        {
     strSql = "INSERT INTO tb_teacher (teacher_id,teacher_name,password,
dept_id,class_id,teacher_tel,teacher_qq,teacher_avater) VALUES("
                                    + dt.Rows[i]["教师编号"].ToString() + ","
                                    + "'" + dt.Rows[i]["教师姓名"].ToString() + "',"
                                    + "'" + dt.Rows[i]["密码"].ToString() + "',"
                                    + dt.Rows[i]["所属系部"].ToString() + ","
                                    + dt.Rows[i]["所属班级"].ToString() + ","
                                    + "'" + dt.Rows[i]["联系电话"].ToString() + "',"
                                    + "'" + dt.Rows[i]["QQ号码"].ToString() + "',"
                                    + "'" + dt.Rows[i]["头像"].ToString() + "')";
                        }
                        else if (iStNum == 1)
```

```
                        {
                            strSql = "UPDATE tb_teacher SET "
                                   + "teacher_name='" + dt.Rows[i]["教师姓名"].
ToString() + "',"
                                   + "password='" + dt.Rows[i]["密码"].
ToString() + "',"
                                   + "dept_id=" + dt.Rows[i]["所属系部"].
ToString() + ", "
                                   + "class_id=" + dt.Rows[i]["所属班级"].
ToString() + " "
                                   + "teacher_avater='" + dt.Rows[i]["头像"].
ToString() + "', "
                                   + "WHERE teacher_id='" + dt.Rows[i]["教师
编号"].ToString() + "'";  }
                        db.CommandText = strSql;
                        db.ExecuteNonQuery();
                        GridView1.DataBind();
                    }
                }
                catch (Exception exp)
                {
   Response.Write("<center>系统出现以下错误:" + exp.Message + "!请尽快与管理员联
系.</center>");
        }     finally
                {  sqlcon.Close();  }
    }  }
        else
        {
   Response.Write("<script>alert('请选择需要导入的文件! ')</script>");   }
```

项目 5 软件测试

工作任务 5.1　软件测试概述

软件是与计算机系统操作相关的程序、数据和文档，是人类社会高度发展的产物，是人类智慧的结晶。从 20 世纪 50 年代初，软件技术不断取得进展，使软件在内涵、规模、开发方法、应用领域等方面都发生着日新月异的变化。软件越来越多地影响和改变着人类生活的各个方面。然而，软件构成及开发的日益复杂、软件应用领域的日益拓宽也使得人们常常受到有缺陷软件的影响，软件缺陷给人们带来了许多物质上和精神上的损失。软件质量不断受到人们的重视，为了发现软件中的缺陷，保证软件质量，软件测试应运而生。

按照软件工程的观点，在对软件系统的可行性进行论证之后，软件开发的主要阶段依次为需求分析、软件设计、软件编码、软件测试、软件运行和维护，如图 5-1 所示。据众多软件从业人员的项目开发经验总结，得出的结论是，软件需求分析不够全面、准确是导致软件缺陷的最主要原因。

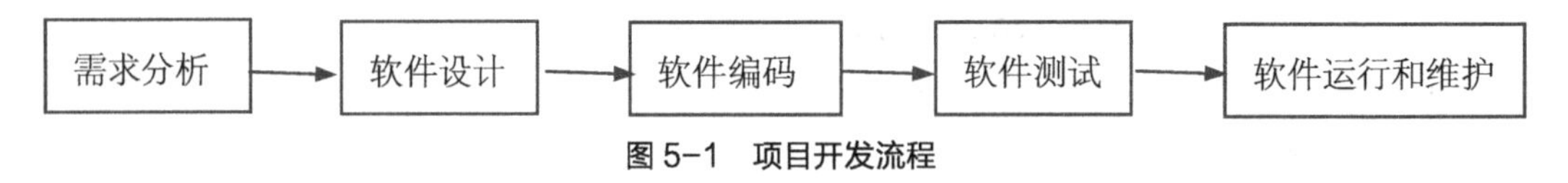

图 5-1　项目开发流程

需求分析的主要任务是确定待开发软件的功能需求、性能需求及运行环境约束。简单地说，需求分析是确定待开发软件“做什么”。由于软件开发最终是要交付用户使用的，因此所谓“需求”是指用户对软件的需求。系统分析人员和开发人员应在与用户反复、充分沟通的基础上完成需求分析。

由于软件是复杂的逻辑产品，用户在最终拿到软件之前往往很难一次性地精确描述对软件的需求，再加上系统分析人员、开发人员、用户对软件需求的关注角度和描述方式的不同，使得对需求的全面、准确的理解往往不能在需求分析阶段一蹴而就，而是随着软件开发活动的进行不断得到深化。需求分析阶段确定的需求不全面、不准确，即为软件缺陷的产生埋下了祸根。

软件设计和编码过程中的失误也会导致软件缺陷的产生，例如软件设计阶段考虑问题的片面性，软件设计文档不够具体，编码阶段的错误等。但很多情况下，不正确的软件设计是不正确的需求分析引起的。编码阶段出现的错误则是由需求分析和软件设计不够完整、准确引起的。

工作任务 5.2 软件测试术语

验收测试：是软件产品完成了功能测试和系统测试之后，在产品发布之前所进行的软件测试活动。

失败测试：纯粹为了破坏软件而设计和执行的测试案例，被称为失败测试。

边界测试：是指使用预定义的边界值，如最大值、最小值、空值或其他特殊值作为输入数据来运行测试。

速度测试：通过执行现有的测试用例多次计算函数的平均速度。

黑盒测试：黑盒测试又称为功能测试、数据驱动测试或基于规格说明的测试，是一种从用户观点出发的测试。不考虑程序的内部结构和内部特性，对输入、输出或功能进行测试。

白盒测试：白盒测试又称为结构测试、逻辑驱动测试或基于程序的测试。白盒测试对程序的逻辑路径进行测试。

灰盒测试：是一种介于黑盒测试和白盒测试之间的测试策略，它基于程序运行的外部表现，同时又结合程序内部逻辑结构来设计测试用例。

静态分析：是不通过执行程序而进行测试的技术，静态分析的关键功能是检查软件的表示和描述是否一致，有没有冲突或者歧义，它瞄准的是纠正软件系统在描述、表示和规格上的错误。

动态分析：主要特征是计算机必须真正运行被测试的程序，通过输入测试用例对其运行情况进行分析。

走读：是一个类似的同行评审过程，参与者包括了程序的作者、测试人员、秘书和协调员。

静态测试：就是不执行程序的测试，包括代码走查，编码规则检查，质量评审，设计评审等。

单元测试：是对软件设计的最小单元——模块进行正确性检验的测试工作，主要测试模块在语法、格式和逻辑上的错误。

集成测试：是在软件系统集成过程中所进行的测试，其主要目的是检查软件单元之间的接口是否正确。

回归测试：指软件系统被修改或扩充（如系统功能增强或升级）后重新进行的测试，是为了保证对软件所做的修改没有引入新的错误而重复进行的测试。

α测试：有时也称为室内测试，是由一个用户在开发环境下进行的测试，也可以是开发机构内部的用户在模拟实际操作环境下进行的测试。

β测试：是由软件的多个用户在一个或多个用户的实际使用环境下进行的测试。

驱动模块：驱动模块是用来代替主模块调用子模块的。

桩模块：集成测试前要为被测模块编制一些模拟其下级模块功能的“替身”模块，以代替被测模块的接口，接受或传递被测模块的数据，这些专供测试用的“假”模块称为被测模块的桩模块。

等价类：指某个输入域的子集合，在该子集合中，各个输入数据对于揭露程序中的错误都是等效的。

自顶向下的集成方式：根据软件的模块结构图，按控制层次从高到低的顺序对模块进行集成，也就是从最顶层模块向下逐步集成，并在集成过程中进行测试，直至组装成符合要求的最终软件系统。

自底向上的集成方式：根据软件的模块结构图，按控制层次从低到高的顺序对模块进行集成，也就是从最底层模块向上逐步集成，并在集成过程中进行测试，直至组装成符合要求的最终软件系统。

工作任务 5.3　软件测试目标

尽管软件缺陷产生的原因已为很多人所知，但由于软件技术以及软件开发活动的特点，软件缺陷很难根除。所以，在软件交付使用前为了尽量消除软件中的缺陷，对其进行测试是必不可少的。软件测试的目标在早期被认为是尽可能多地发现软件中的潜在错误。

- 测试是为了发现程序中的错误而执行程序的过程。
- 好的测试方案是尽可能发现迄今为止尚未发现的错误的测试方案。
- 成功的测试是发现了迄今为止尚未发现的错误的测试。

当前仍然有部分人对软件测试存在误解，他们认为软件测试就是要证明软件是正确、可用的，能够满足用户的需要，而不是尽可能多地暴露软件中的潜在错误。首先，这种想法是行不通的。由于软件是一种复杂的逻辑产品，对软件进行穷举测试是不可能的。因此，即使到目前为止对一个软件的测试中未发现任何错误也不能说明该软件是绝对正确的，正所谓“软件测试只能证明软件有错，不能证明软件无错”。

从另一个角度说，对软件测试存有这种误解的人在进行测试时，往往在心理上会忽略软件中可能存在的缺陷，而把注意力集中在软件能否完成基本的、已知的功能上，这样的测试显然不是成功的测试。1983 年，在 Glenford J.Myers 观点的基础上，Bill Hetzel 指出，软件测试的目标不仅是尽可能多地发现软件中的错误，还要对软件质量进行度量和评估，以提高软件质量。这一论断将对软件测试的认识提升到更高的层次。1983 年，IEEE 对软件测试的定义则指出，软件测试的目标是为了检验软件系统是否满足用户的需求。

工作任务 5.4　软件测试方法

在高校毕业设计选题系统项目的测试过程中，主要用到黑盒测试方法，所以重点介绍黑盒测试技术相关内容，其他测试方法不再阐述。

黑盒测试又称为数据驱动测试或基于规格说明的测试。“黑盒”可理解为程序或软件装在一个漆黑的盒子里，所以盒子内的程序对测试人员来说是不可见的。执行黑盒测试的人员正在完全不考虑程序或软件的内部逻辑结构和处理过程的情况下，根据软件的需求规格说明书设计测试用例，在程序或软件的界面上进行测试，所以黑盒测试是从用户角度出发进行的测试。

用黑盒方法设计测试用例如图 5-2 所示，每个测试用例包括输入数据和预期输出数据。在执行测试用例时，将实际输出数据与预期输出数据进行比较，两者若不同，则说明程序很可能存在缺陷。

图 5-2　黑盒测试用例设计思路

黑盒测试的目的主要是为了发现以下错误。

- 是否有不正确或遗漏了的功能。
- 能否正确地接受接口上的输入，能否输出正确的结果。
- 是否有数据结构错误或外部信息（例如数据文件）访问错误。
- 性能上是否能够满足要求。
- 是否有初始化或终止性错误。

很多人将黑盒测试称为功能测试，实际上，进行功能测试是黑盒测试的主要任务，但并不是其全部，黑盒测试还包括性能测试等。黑盒方法不可能实现穷举测试，主要原因如下。

- 在测试某项功能时不可能对其所有输入值进行测试，更不可能对其所有输入取值组合进行测试。
- 无法对需求规格说明书中未规定的潜在需求进行测试。

在一个软件的开发过程中，其需要测试的功能分为不同的层次，单个程序模块有其规定的功能，而多个程序模块集成后作为一个整体亦有其规定的功能需求，而且模块的集成一般是一个持续的过程，会经过若干临时版本，直至形成最终软件系统。所以黑盒测试的对象既可以是单个程序，也可以是模块集成过程中的多个临时版本和最终软件。为简单起见，在下文中多处将黑盒测试方法的对象说成是“程序”。

工作任务 5.5　软件测试过程

随着测试过程管理的发展，测试人员通过大量的实践总结出了很多很好的测试过程模型，如 V 模型、W 模型、H 模型等。这些模型将测试活动进行了抽象，并与开发活动进行了有机的结合，是测试过程管理的重要参考依据。

5.5.1　软件测试模型

1．V 模型

V 模型最早是由 Paul Rook 在 20 世纪 80 年代后期提出的，旨在改进软件开发的效率和效果。V 模型反映出了测试活动与分析设计活动的关系，如图 5-3 所示，它描述了基本的开发过程和测试行为，非常明确地标注了测试过程中存在的不同类型的测试，并且清楚地描述了这些测试阶段和开发过程中各阶段的对应关系。

V 模型指出，单元测试和集成测试应检测程序的执行是否满足软件设计的要求；系统测试应测试系统功能和性能的质量特性是否达到系统要求的指标；确认测试和验收测试追溯软件需求规格说明书进行测试，确定软件的实现是否满足用户需要或合同的要求。V 模型也存在一定的局限性，它仅仅把测试作为在编码之后的一个阶段，主要是针对程序进行的寻找错误的活动，对软件设计、需求分析等活动的测试要到后期才能完成。这样的测试顺序会使修复错误的代价大大增加，不利于提高软件开发和测试的效率。

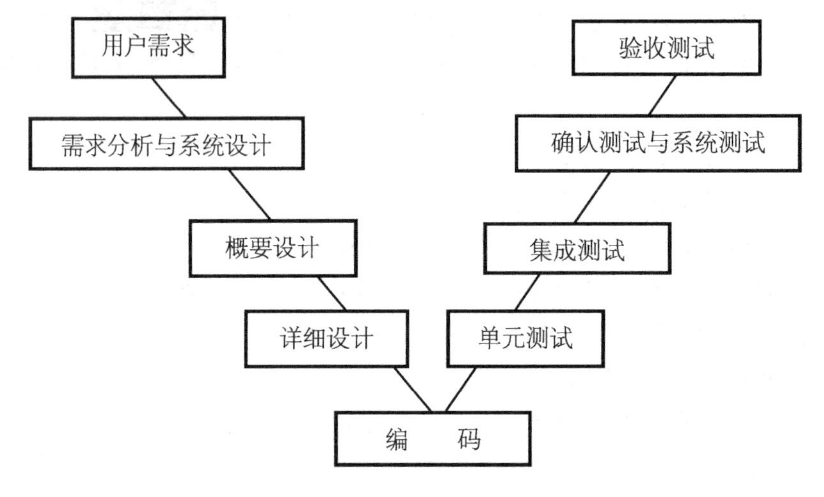

图 5-3　软件测试 V 模型

2．W 模型

V 模型未能体现出“尽早地、全面地进行软件测试”的原则。为了弥补 V 模型的不足，出现了 W 模型。W 模型是由 Evolutif 公司提出的。相对于 V 模型，W 模型增加了软件各开发阶段中应同步进行的验证和确认活动。如图 5-4 所示，W 模型由两个 V 字模型组成，分别表示测试和开发过程。从图 5-4 可以明显看出测试与开发的并行关系，也就是说，测试与开发是紧密结合的。

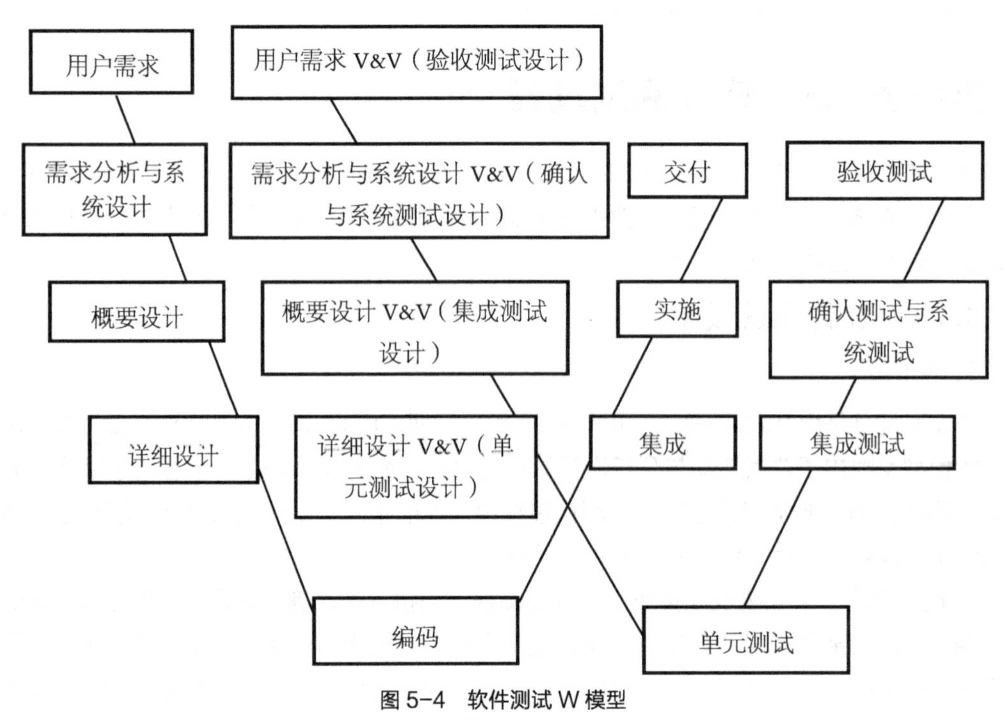

图 5-4　软件测试 W 模型

W 模型强调，测试伴随着软件开发的各阶段，测试的对象不仅仅是程序，需求分析、设计等同样需要测试。也就是说，测试与开发是同步进行的，当某一阶段的工作完成后，就可以进行测试。

W 模型有利于尽早地、全面地进行测试，以发现软件中存在的问题。例如，需求分析完成后，测试人员就应该参与到对需求的验证和确认活动中，以尽早地发现需求分析中存在的问题，并从可测试性角度为需求文档的编写提出建议。同时，测试人员结合前期对项目的把握，有利于及时了解项目的难度和测试中存在的风险，易于制定出完善的测试计划和方案，安排开发中各阶段的测试方法、进度和人员，使软件的开发过程进展顺利，提高软件测试和开发的效率。

W 模型也有利于全程测试。这是因为 W 模型中将测试与开发活动紧密结合起来，使测试人员充分关注开发过程，对开发过程的各种变更及时响应。例如，根据开发进度计划的变更及时调整测试进度和测试策略，以及依据需求的变更及时调整测试用例等。

W 模型也存在局限性。在 W 模型中，需求分析、设计、编码等活动被视为串行的，同时，测试和开发活动之间也是一种线性的关系，某开发活动完全结束后才可以正式开始进行测试，这样就无法支持迭代、自发性及变更调整。对于当前软件开发复杂多变的情况，W 模型并不能完全解决测试管理中面临的困惑。

3. H 模型

V 模型和 W 模型都存在不足之处，它们都把软件的开发过程中的需求分析、设计、编码等活动视为串行的。而大量的实践表明，各阶段保持严格的串行关系只是一种理想的状况，需求的变更等都会破坏这一理想状况，故与各开发阶段相对应的测试之间也不可能保持严格的次序关系。同时，各层次的测试（单元测试、集成测试、系统测试等）也存反复触发、迭代和增量关系。为了解决以上问题，测试专家提出了 H 模型。它将测试活动完全独立出来，形成一个完全独立的流程，以将测试准备活动和测试执行活动清晰地体现出来，如图 5-5 所示。图 5-5 中绘出的仅为整个软件生产周期中某个层次上的一次测试。图 5-5 中标注的其他流程可以是任意的开发流程，例如设计流程或编码流程，也可以是非开发流程，如 SQA 流程。甚至可以是测试流程自身。只要测试准备活动完成，达到了测试就绪点，即可执行测试工作。

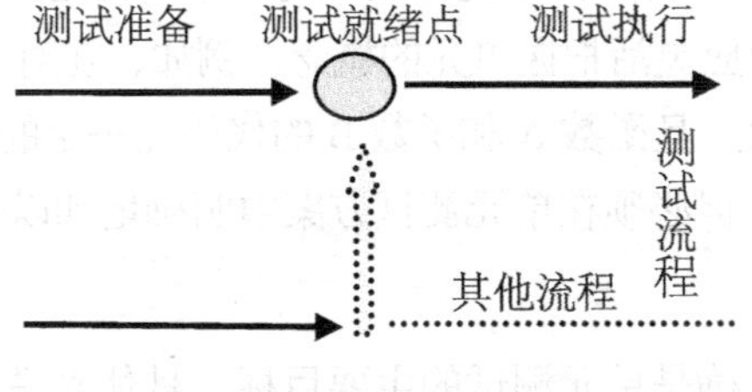

图 5-5 软件测试 H 模型

例如，在一个构件化 ERP 项目的系统测试过程中，由于前期需求难以确定，开发周期相对较长，为了进行更好的跟踪和管理，项目采用增量和迭代模型进行开发。整个项目开发共分 3 个阶段：第一阶段实现进销存的简单的功能和工作流；第二阶段实现固定资产管理、财务管理，并完善第一阶段的进销存功能；第三阶段增加办公自动化的管理。该项目每一阶段的工作是对上一阶段成果的一次迭代完善，同时叠加了新功能。

在该项目的系统测试过程中，根据 H 模型的思想，把系统测试作为一个独立的流程，达到相应的测试就绪点时即可执行测试。该系统的 3 个阶段相对独立，每一阶段完成的阶段产品又具有相对独立性，可以作为系统测试的测试就绪点。故在该系统开发过程中，可开展 3 个阶段的系统测试，每个阶段系统测试具有不同的侧重点，以实现与各阶段开发的紧密结合，尽早发现软件中的错误，降低错误修复的成本。软件开发与系统测试过程的关系如图 5-6 所示。

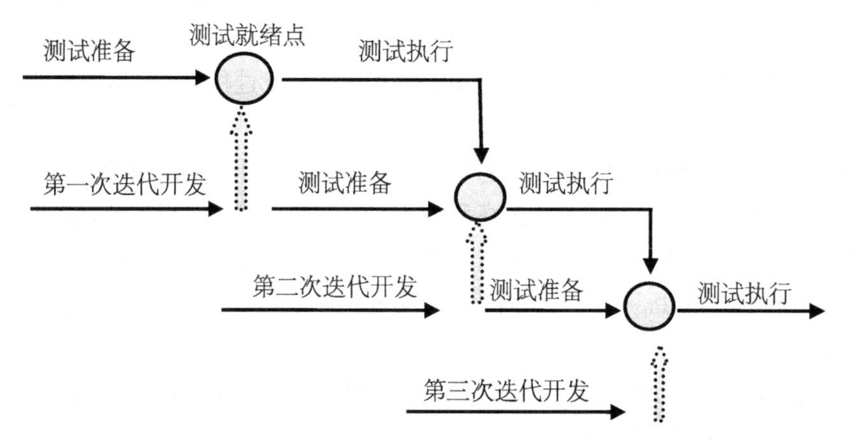

图 5-6　软件开发与系统测试的关系

H 模型使我们对软件测试有了更进一步的认识：软件测试不仅指测试的执行，还包括很多其他活动，如测试的准备；软件测试是一个独立的流程，可贯穿到软件产品整个生命周期中的任一流程，与之并发地进行；只要某个测试达到准备就绪点，测试执行活动就可以开展，不同的测试活动可以是按照某个次序先后进行的，但也可能是反复的。

5.5.2　单元测试

1．单元测试的概念

单元测试是对软件基本组成单元的测试。单元的具体含义是什么呢？一般认为，在传统的结构化编程语言中，例如 C 语言，要进行测试的单元一般是模块，也就是函数或子过程；在像 C++这样的面向对象的语言中，要进行测试的基本单元是类或类的方法。

当然在单元测试过程中应灵活把握单元的概念。例如，在对 C 语言代码的单元测试中，若某函数 A 仅被函数 B 调用，且函数 A 和函数 B 的代码在一定的范围内，则可将函数 A 和函数 B 作为一个被测的单元，但必须在单元测试方案中明确地加以说明。

2．单元测试的目的

确保被测单元的代码正确是单元测试的主要目标。具体来说，单元测试的目的主要包括如下几个方面。

（1）验证代码能否达到详细设计的预期要求。

（2）发现代码中不符合编码规范的地方。

（3）准确定位发现的错误，以便排除错误。

3．单元测试的优点

一旦对软件中各单元的编码工作完成，开发人员总是迫切地希望进行软件单元间的集成，这样就能够看到实际系统的运行效果。但由于单元测试，将推迟对整个软件系统进行联调的启动时间。因而，目前有一部分人对单元测试抱有偏见，认为单元测试浪费了太多的时间，耽误了系统的交付。

实际上，若不进行单元测试，或对单元测试敷衍了事，各单元集成后能顺利正常工作的可能性是很小的，将有可能出现各种各种的问题。事实上，这些问题往往不是大的问题，大都可以在严格进行的单元测试阶段发现并解决。但在集成测试阶段或者系统测试阶段，若要定位并解决软件系统中的这些缺陷，会比在单元测试阶段解决付出更大的成本，还很可能造成软件交付时间的推迟。

总的来说，单元测试的优点表现在以下两个方面。

（1）由于单元测试是在编码过程中进行的，若发现了一个错误，不管是从做回归测试的角度，还是对错误原因理解的深刻性的角度出发，修复错误的成本远远小于集成测试阶段，更小于系统测试阶段。

（2）在编码的过程中考虑单元测试的问题，有助于编程人员养成良好的编程习惯，提高源代码的质量。

基于单元测试的优点，开发人员应当高度重视单元测试，有计划地、严格地对被测单元实施单元测试，以提高各单元的质量，提高软件开发的效率。

4．单元测试的测试方法

在单元测试阶段，应使用白盒测试方法和黑盒测试方法对被测单元进行测试，其中以使用白盒测试为主。

单元测试阶段应使用黑盒测试方法，从外部接口处对被测单元进行测试，以验证其能否完成规格说明书中的预期功能。在单元测试阶段还应使用代码检查法、逻辑覆盖法、基本路径测试法等白盒测试方法，深入被测单元的内部，对被测单元进行静态和动态测试，以验证代码是否符合详细设计的要求和编码规范。

在单元测试阶段以使用白盒测试方法为主，是因为在单元测试阶段白盒测试消耗的时间、人力、物力等成本一般会大于黑盒测试的成本，而并不是说黑盒测试在单元测试中是不重要的。

5．单元测试的步骤

单元测试的实施应遵循一定的步骤，力争做到有计划、可重用。

所谓单元测试的可重用，是指单元测试不仅仅是作为无错编码的一种辅助手段在一次性开发过程中使用，当软件修改或移植到新的运行环境时，单元测试对应的测试用例及测试脚本应该可被重复使用。因此，所有的单元测试都必须在软件系统的整个生命周期中进行维护。

单元测试的具体步骤如下。

（1）计划单元测试。确定测试内容，初步制定测试策略，确定测试所用的资源，安排测试的进度。

（2）设计单元测试。创建单元测试环境，制定测试方案，细化测试过程。

（3）实现单元测试。编写测试用例及测试脚本。

（4）执行单元测试。对被测单元执行测试用例及测试脚本，记录被测单元的执行过程和发现的错误，定位和排除错误。

（5）单元测试结果分析并提交测试报告。对单元测试的结果进行分析、归类、确认单元测试是否完备，并编制和提交单元测试报告。

6．单元测试的用例设计

单元测试主要从单元接口、局部数据结构、独立路径、出错处理、边界条件几个方面对被测单元进行检查，如图 5-7 所示。

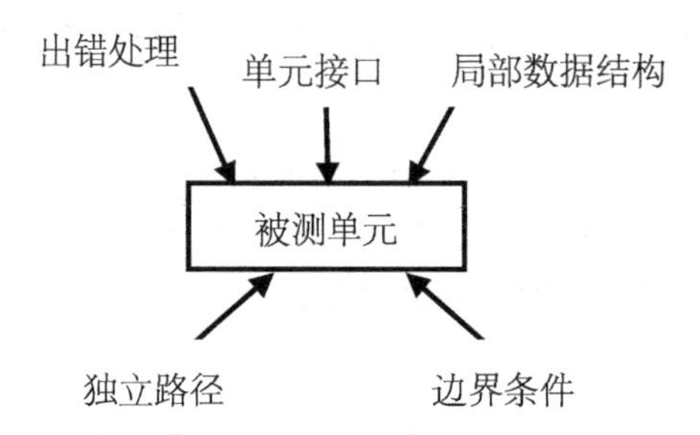

图 5-7　单元测试的内容

（1）单元接口

对单元接口的测试应主要考虑如下方面。

- 传递给被测单元的参数与被测单元的形式参数在属性、个数、顺序上是否一致。
- 被测单元调用子模块时，传递给子模块的参数与子模块的形式参数在属性、个数、顺序上是否一致。
- 是否修改了只做输入用的形式参数。
- 输出给标准函数的参数与标准函数的形式参数在属性、个数、顺序上是否一致。
- 全局变量的定义在各个模块中是否一致。
- 约束条件是否通过形式参数进行传递。

若模块通过外设进行 I/O 操作时，应考虑下列因素。

- 文件属性是否正确。
- OPEN 与 CLOSE 语句是否正确。
- 规定的 I/O 格式说明与 I/O 语句是否匹配。
- 缓冲区容量与记录长度是否匹配。
- 在进行读/写操作之前是否打开了文件。
- 在结束文件处理时是否关闭了文件。
- 正文书写/输入错误是否存在。
- I/O 错误是否检查并做了处理。

（2）局部数据结构

对被测单元的局部数据结构测试应主要考虑如下方面。

- 数据类型说明是否正确。

- 是否使用了尚未赋值或尚未初始化的变量。
- 是否使用了错误的初始值或错误的默认值。
- 变量名是否存在拼写错误或书写错误。
- 数据类型是否一致。

（3）独立路径

对被测单元基本路径集合中的独立路径进行测试，并对循环结构进行测试，这样可以发现大量的路径错误，例如不正确的计算。不正确的比较和不正常的控制流等。

不正确的计算主要包括以下内容。

- 运算的优先次序不正确，或误解了运算的优先次序。
- 运算的方式错误，录入运算的对象在类型上不相容、算法错误、初始化错误、运算精度不够、表达式的符号不正确等。

比较和控制流的错误主要包括以下内容。

- 进行比较的两个数据类型不同。
- 不正确的逻辑运算符或优先次序。
- 因浮点运算精度问题而造成的两值不等。
- 关系表达式中的变量和关系运算符错误。
- 循环次数多一次或少一次。
- 循环终止条件错误。
- 当遇到发散的迭代时无法终止的循环。
- 对循环变量的修改不恰当。

5.5.3 集成测试

集成测试是将模块按照设计要求组装起来进行测试，主要目的是发现与接口有关的问题。由于在产品提交到测试部门前，产品开发小组都要进行联合调试，因此在大部分企业中集成测试是由开发人员来完成的。时常有这样的情况发生，每个模块都能单独工作，但这些模块集成在一起之后却不能正常工作。其主要原因是模块相互调用时接口会引入许多新问题。例如，数据经过接口可能丢失；一个模块对另一模块可能造成不应有的影响：几个子功能组合起来不能实现主功能；误差不断积累达到不可接受的程度；全局数据结构出现错误等。综合测试是组装软件的系统测试技术，它按设计要求把通过单元测试的各个模块组装在一起之后进行综合测试，以便发现与接口有关的各种错误。

有些设计人员习惯于把所有模块按设计要求一次全部组装起来，然后进行整体测试，这称为非增量式集成。这种方法容易出现混乱。因为测试时可能发现一大堆错误，定位和纠正每个错误非常困难，并且在改正一个错误的同时又可能引入新的错误，新旧错误混杂，更难断定出错的原因和位置。与之相反的是增量式集成方法，程序逐段地扩展，测试的范围一步一步地增大，错误易于定位和纠正，界面的测试也可做到完全彻底。下面讨论两种增量式集成方法。

1．自顶向下集成

自顶向下集成是构造程序结构的一种增量式方式，它按照软件的控制层次结构，以深度优先或广度优先的策略，逐步把各个模块集成在一起。深度优先策略首先是把主控制路径上的模块集成在一起，至于选择哪一条路径作为主控制路径，这多少带有随意性，一般根据问题的特性确定。以图 5-8 为例，若选择了最左一条路径作为主控路径，首先将模块 M1、M2、M5 和 M8 集成在一起，再将 M6 集成起来，然后考虑中间和右边的路径。广度优先策略则不然，它沿控制层次结构水平地向下移动。仍然以图 5-8 为例，它首先把 M2、M4 与主控模块集成在一起，再将 M5 和 M6 与其他模块集成起来。

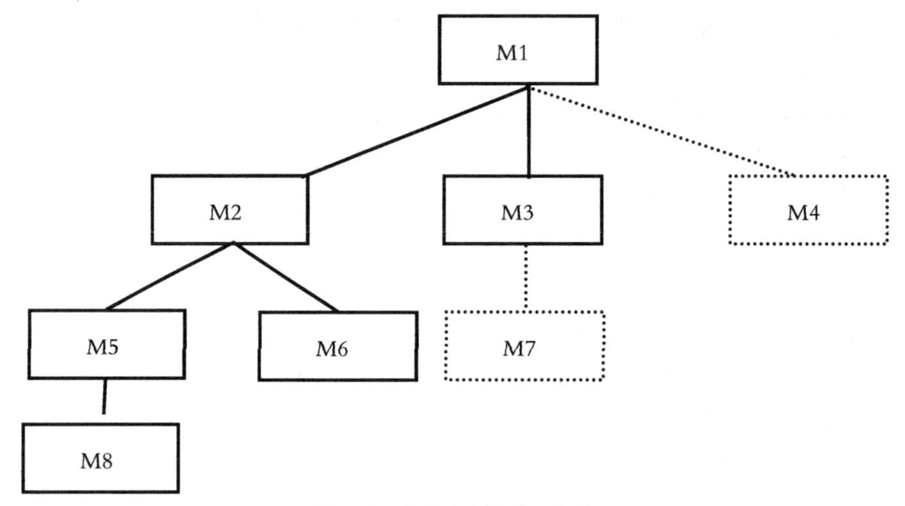

图 5-8　自底向上集成示意图

由于下文用到桩模块的概念，在此先向读者介绍一下。在集成测试前要为被测模块编制一些模拟其下级模块功能的“替身”模块，以代替被测模块的接口，接受或传递被测模块的数据，这些专供测试用的“假”模块称为被测模块的桩模块。

自顶向下综合测试的具体步骤如下。

（1）以主控模块作为测试驱动模块，把对主控模块进行单元测试时引入的所有桩模块用实际模块替代。

（2）依据所选的集成策略（深度优先或广度优先），每次只替代一个桩模块。

（3）每集成一个模块立即测试一遍。

（4）只有每组测试完成后，才着手替换下一个桩模块。

（5）为避免引入新错误，需不断地进行回归测试（即全部或部分地重复已做过的测试）。

（6）从第（2）步开始，循环执行上述步骤，直至整个程序结构构造完毕。

在图 5-8 中，实线表示已部分完成的结构，若采用深度优先策略，下一步将用模块 M7 替换桩模块 S7，当然 M7 本身可能又带有桩模块，随后将使用对应的实际模块替代。最后直至桩模块 S4 被替代完毕为止。

自顶向下集成的优点在于能尽早地对程序的主要控制和决策机制进行检验，因此较早地发现错误。缺点是在测试较高层模块时，低层处理采用桩模块替代，不能反映真实情况，重要数据不能及时回送到上层模块，因此测试并不充分。解决这个问题有几种办法，第一种是把某些测试推迟到用真实模块替代桩模块之后进行，第二种是开发能模拟真实模块的桩模块；第三种是自底向上集成模块。第一种方法又回退为非增量式的集成方法，使错误难于定位和纠正，并且失去了在组装模块时进行一些特定测试的可能性。第二种方法无疑要大大增加开销；第三种方法比较切实可行，下面专门讨论。

2．自底向上集成

自底向上测试是从“原子”模块（即从软件结构较低层的模块开始组装测试，因测试到较高层模块时，所需的下层模块功能均已具备，所以不再需要桩模块。

自底向上综合测试的步骤如下。

- 把底层模块组织成能实现某个子功能的模块群（Cluster）。
- 开发一个测试驱动模块，控制测试数据的输入和测试结果的输出。
- 对每个模块群进行测试。
- 删除测试使用的驱动模块，用较高层模块把模块群组织成为完成更大功能的新模块群。

从第一步开始循环执行上述各步骤，直至整个程序构造完毕。

图 5-9 说明了上述过程。首先“原子”模块被分为三个模块群，每个模块群引入一个驱动模块进行测试。因模块群 1、模块群 2 中的模块均隶属于模块 Ma，因此在驱动模块 D1、D2 去掉后，模块群 1 与模块群 2 直接与 Ma 接口，这时可将 D3 去掉，将 Mb 与模块群 3 接口，对 Mb 进行集成测试。这样继续下去，直至将驱动模块 D4、D5 也去掉，最后将 Ma、Mb 和 M 全部集成在一起进行测试。

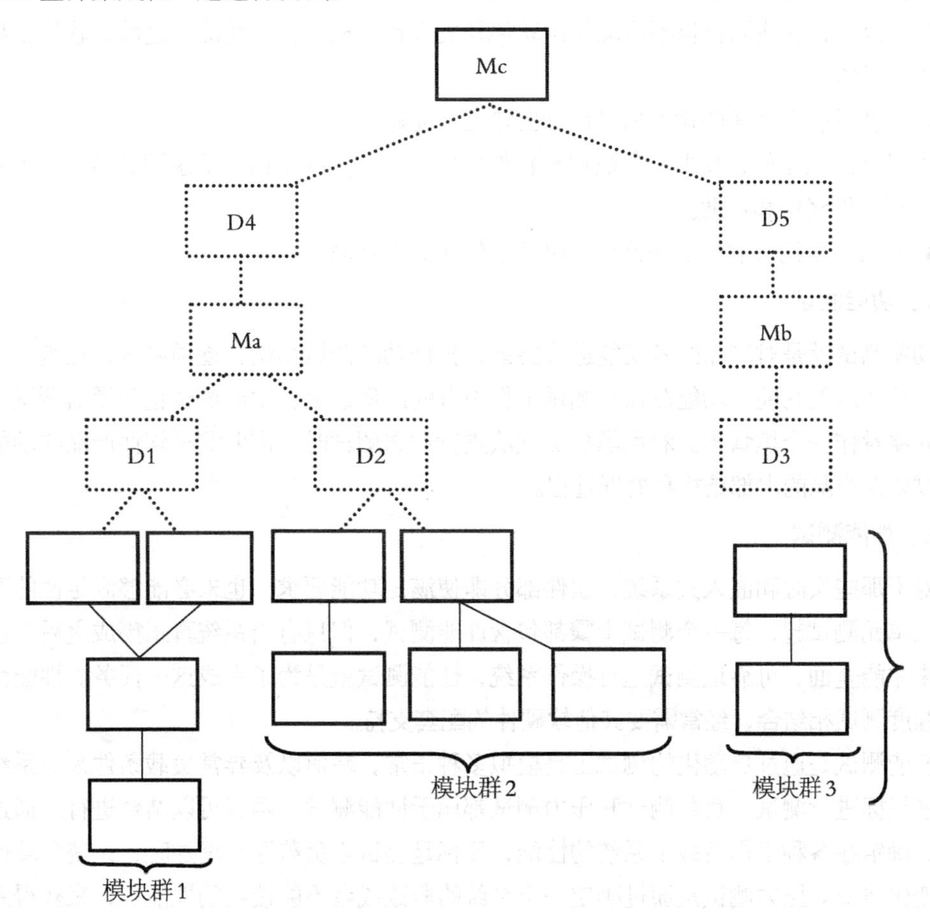

图 5-9　自顶向下集成示意图

自底向上集成方法不用桩模块，测试用例的设计也相对简单，但缺点是程序最后一个模块加入时才具有整体形象。它与自顶向下综合测试方法优缺点正好相反。因此，在测试软件系统时，应根据软件的特点和工程的进度，选用适当的测试策略，有时混合使用两种策略更为有效，上层模块用自顶向下的方法，下层模块用自底向上的方法。

此外，在综合测试中尤其要注意关键模块，所谓关键模块一般都具有下述一个或多个特征。

- 对应几条需求。
- 具有高层控制功能。
- 复杂、易出错。
- 有特殊的性能要求。关键模块应尽早测试，并反复进行回归测试。

5.5.4　系统测试

系统测试是在集成测试通过后进行的，目的是充分运行系统，验证各子系统是否都能正常工作并完成设计的要求。它主要由测试部门进行，是测试部门最大最重要的一个测试，对产品的质量有重大的影响。

计算机软件是基于计算机系统的一个重要组成部分，软件开发完毕后应与系统中其他成分集成在一起，此时需要进行一系列系统集成和确认测试。对这些测试的详细讨论已超出软件工程的范围，这些测试也不可能仅由软件开发人员完成。在系统测试之前，软件工程师应完成下列工作。

- 为测试软件系统的输入信息设计出错处理通路。
- 设计测试用例，模拟错误数据和软件界面可能发生的错误，记录测试结果，为系统测试提供经验和帮助。
- 参与系统测试的规划和设计，保证软件测试的合理性。

1．功能测试

功能测试就是对产品的各功能进行验证，根据功能测试用例，逐项测试，检查产品是否达到用户要求的功能。功能测试在测试工作中占的比例最大，功能测试也叫黑盒测试，它把测试对象看作一个黑盒子。利用黑盒测试法进行动态测试时，需要测试软件产品的功能，不需测试软件产品的内部结构和处理过程。

2．性能测试

对于那些实时和嵌入式系统，软件部分即使满足功能要求，也未必能够满足性能要求，虽然从单元测试起，每一个测试步骤都包含性能测试，但只有当系统真正集成之后，在真实环境中才能全面、可靠地测试运行操作系统，性能测试就是为了完成这一任务。性能测试有时与强度测试相结合，经常需要其他软硬件的配套支持。

性能测试是通过自动化的测试工具模拟多种正常、峰值以及异常负载条件来对系统的各项性能指标进行测试。负载测试和压力测试都属于性能测试，两者可以结合进行。通过负载测试，确定在各种工作负载下系统的性能，目标是测试当负载逐渐增加时，系统各项性能指标的变化情况。压力测试是通过确定一个系统的瓶颈或者不能接收的性能点，来获得系统能提供的最大服务级别的测试。

性能测试和功能测试的主要区别在于，性能测试主要关注于产品整体在多用户并发情况下的稳定性和健壮性，而功能测试关注产品的所有功能，要考虑到每个细节功能，每个可能存在的功能问题。做某个性能测试的时候，它可能是个功能点，首先要保证它的功能是没问题的，然后再考虑该功能点的性能测试。

3．安全性测试

安全性测试是有关验证应用程序的安全服务和识别潜在安全性缺陷的过程。安全性测试检查系统对非法侵入的防范能力。安全测试期间，测试人员假扮非法入侵者，破坏系统的保护机制，故意导致系统失败，企图趁恢复之机非法进入，或者试图通过浏览非保密数据，推导所需信息。理论上讲，只要有足够的时间和资源，没有不可进入的系统。

4．恢复性测试

恢复性测试主要检查系统的容错能力。当系统出错时，能否在指定时间间隔内修正错误并重新启动系统。恢复测试首先要采用各种办法强迫系统失败，然后验证系统是否能尽快恢复。对于自动恢复需验证重新初始化（Reinitialization）、检查点（Check Pointing Mechanisms）、数据恢复（Data Recovery）和重新启动（Restart）等机制的正确性。对于人工干预的恢复系统，还需估测平均修复时间，确定其是否在可接受的范围内。

5．兼容测试

兼容测试（Compatibility Test Suite，CTS），是指对所设计程序与硬件、软件之间的兼容性的测试。兼容测试主要是检查软件在不同的软件和硬件平台上是否可以正常的运行，即软件的可移植性。兼容测试的类型可以细分为平台兼容、网络兼容、数据库兼容以及数据格式兼容。兼容测试的重点是对兼容环境的分析。通常，在运行软件的环境不是很确定的情况下，才需要做兼容测试。这里大家要注意，兼容和配置测试有明细的区别，做配置测试通常不在Clean OS下做测试，而兼容测试多是在Clean OS的环境下做的。

6．强度测试

强度测试检查程序对异常情况的抵抗能力。强度测试总是迫使系统在异常的资源配置下运行。例如，当中断的正常频率为每秒一至两个时，运行每秒产生十个中断的测试用例；定量地增长数据输入率，检查输入子功能的反应能力；运行需要最大存储空间（或其他资源）的测试用例；运行可能导致操作系统崩溃或磁盘数据剧烈抖动的测试用例等。

工作任务5.6 高校毕业设计选题系统测试结果

1．测试过程

（1）基本测试

基本测试用于测试系统基本功能的实现情况和系统是否存在设计错误。基本测试过程包括：使用管理员户进行登录，修改密码，修改系统功能，添加教师，学生用户，修改学生、教师等基本信息。注册学生用户，使用学生用户登录，修改个人信息及密码，查阅选题情况及教师信息。使用教师用户登录，修改个人信息及密码，提交题目，查看题目状态及选报学生信息。使用专业指导老师用户登录，修改个人信息及密码，审核教师课题。目标是分别使用不同用户登录，进行按规定程序操作，尝试各个功能，检测功能实现情况，检测页面生成情况及数据库连接情况。

（2）并发性测试

用于测试系统在多用户同时访问情况下对冲突的处理情况。并发性测试过程包括：同时使用多个用户登录，包括管理员、教师、专业指导老师及多个学生用户，尝试不同学生同时选报同一题目，不同教师同时对同一题目进行操作，不同管理员同时对同一用户进行资料修改等。进行按规定程序操作，尝试各个功能，检测系统对并发性事件的处理能力。

（3）容错性测试过程

在同一台计算机上使用不同用户登录，尝试各种不正常操作，学生选题后再次选题，尝试进行越权操作，如学生登录教师界面，检测系统对非法操作的控制能力。

2．测试结果

基本测试过程中，用户功能全部实现，完全满足用户要求，具体如表 5-1 所示。

表 5-1　基本测试

	测试步骤	预期结果	实际结果
测试系统基本功能的实现情况和系统是否存在设计错误	Step1：以学生身份登录系统	登录系统	True
	Step2：修改个人信息	修改成功	True
	Step3：在线选题	选题成功	True

并发性测试过程中，多用户同时登录时未出现不正常状态，服务器对不同用户请求进行分布处理，具体如表 5-2 所示。

表 5-2　并发性测试

	测试步骤	预期结果	实际结果
测试系统在多用户同时访问情况下对冲突的处理情况	Step 1：多个学生同时进行登录	登录成功	True
	Step 2：多个同学选择同一个课题	只有一个学生选择成功	True

容错性测试，系统对非法请求进行限制，对非法操作进行正确提示，限制非法用户访问页面，具体如表 5-3 所示。

表 5-3　容错性测试

	测试步骤	预期结果	实际结果
检测系统对非法操作的控制能力	Step 1：已经选择课题的学生登录系统	登录成功	True
	Step 2：学生再次选题	系统提示已选择不能再选	True

项目 6 用户手册

工作任务 6.1 用户手册概述

用户手册详细描述软件的功能、性能和用户界面，使用户了解如何使用该软件。用户手册面向最终的软件产品使用者，在编写用户手册时，思考问题的角度应该从开发人员转变为产品的使用人员。

工作任务 6.2 用户手册的内容

1．引言

（1）编写目的：阐明编写手册的目的，指明读者对象。

（2）项目背景：说明项目的来源、委托单位、开发单位及主管部门。

（3）定义：列出手册中用到的专门术语定义和缩写词的原意。

（4）参考资料：列出这些资料的作者、标题、编号、发表日期、出版单位或资料来源，包括项目的计划任务书，合同或批文；项目开发计划；需求规格说明书；概要设计说明书；详细设计说明书；测试计划；手册中引用的其他资料、采用的软件工程标准或软件工程规范。

2．软件概述

（1）目标。

（2）功能。

（3）性能。包括数据精确度（包括输入、输出及处理数据的精度），时间特性（如响应时间、处理时间、数据传输时间等），灵活性（在操作方式、运行环境需做某些变更时软件的适应能力）。

3．运行环境

（1）硬件：列出软件系统运行时所需的硬件最小配置，如计算机型号、主存容量；外存储器、媒体、记录格式、设备型号及数量；输入/输出设备；数据传输设备及数据转换设备的型号及数量。

（2）支持软件：操作系统名称及版本号；语言编译系统的名称及版本号；数据库管理系统的名称及版本号；其他必要的支持软件。

4．使用说明

（1）安装和初始化：给出程序的存储形式、操作命令、反馈信息及其含义、说明安装完成的测试实例以及安装所需的软件开发工具等。

（2）输入：给出输入数据或参数的要求。

（3）输出：给出每项输出数据的说明。

（4）出错和恢复：出错信息及其含义、用户应采取的措施，如修改、恢复、重启等。

（5）求助查询：说明如何操作。

5．运行说明

（1）运行表：列出每种可能的运行情况，说明其运行目的。

（2）运行步骤：按顺序说明每种运行的步骤，应包括运行控制；操作信息（运行目的、操作要求、启动方法、预计运行时间、操作命令格式及说明、其他事项）；输入/输出文件（给出建立和更新文件的有关信息，如文件的名称及编号、记录媒体、存留的目录、文件的支配（说明确定保留文件或废弃文件的准则。分发文件的对象。占用硬件的优先级及保密控制等）；启动或恢复过程。

6．非常规过程

提供应急或非常规操作的必要信息及操作步骤，如出错处理操作、向后备系统切换操作以及维护人员须知的操作和注意事项。

7．操作命令一览表

按字母顺序逐个列出全部操作命令的格式、功能及参数说明。

8．程序文件（或命令文件）和数据文件一览表

按文件名字母顺序或按功能与模块分类顺序逐个列出文件名称、标识符及说明。

9．用户操作举例

工作任务6.3　完成《高校毕业设计选题系统用户手册》

高校毕业设计选题系统（v 1.0）　用户手册
设计人：胡霞　陈建兵
设计日期：2012年10月20日

1．引言

1.1　编写目的

本用户手册将整个高校毕业设计选题系统（v 1.0）的功能向使用者作详细介绍，使用户对本系统有全面的了解，同时用户可根据本手册的操作方法进行使用，对用户的操作起到指导作用。

1.2 读者对象

该用户手册的读者为系统管理员、专业主任、毕业设计指导教师、学生。

1.3 项目背景

本项目是为了解决毕业设计的手工化选题问题，构建一个适合于高校使用的网上毕业设计选题系统，可以使毕业设计的选题再也不用受到时间、空间的限制。既可方便在校的毕业生，又可减轻教师及管理人员的任务，提高工作效率。

2. 软件概述

2.1 总体功能

毕业设计是高校必不可少的环节，是对学生在校期间学习成果的展示。高校毕业设计选题系统主要实现学生课题的查询和选择，老师课题的申报和修改，专业主任课题的审核和修改，管理员对人员的管理和整个过程的全程监控。选题结束后，教师及管理者还可以通过系统方便地跟进学生的设计进度。各用户还可以通过论坛平台进行交流讨论，还有私密留言等功能。这些功能使得高校毕业设计选题系统简单实用。从而加强毕业设计的管理，提高教师的工作效率，降低教师的工作量。

2.2 时间精确度

- 响应时间：2~3 秒之内打开系统的一个新的链接（包括图片）。
- 更新处理时间：对于需要保持最新内容资料的更新速度要求是实时性的，对于需要定期保留的内容期限为 3 个月。
- 运行时间：本系统应当保持 24 小时开通。

2.3 数据精确度

- 用户在进行课题查看时要保证查全率，所有符合条件的课题均要能够看到。
- 在保证查全率的同时还需要保证准确率，特别是高级搜索。
- 数据输出要求是用户在本系统上登记的最新资料，同时需要保留一定期限内的全部资料。当系统界面内容需要更新时，必须能够以最快的速度显示在页面上。

2.4 灵活性

本软件采用可视化界面，用户通过单击界面上的相关按钮就可以完成各项操作。

3. 运行环境

3.1 硬件环境

应用服务器（Web Server）的硬件配置如下。

处理器：Pentium 4 1.8GHz 或以上。

内存：1GB 或以上。

硬盘：40G 或以上。

数据库服务器（Database Server）的硬件配置如下。

处理器：Pentium 4 1.8GHz 或以上。

内存：2GB 或以上，推荐 4GB。

硬盘：40G 或以上。

客户短（Client）的硬件配置如下。

处理器：Pentium 4 1.8GHz 或以上。

内存：256MB 或以上。

硬盘：10G 或以上。

3.2 软件支持

应用服务器（Web Server）的软件配置如下。

操作系统：推荐 Windows 2003 Server 标准版（32 位）。

运行环境：Microsoft IIS 6.0（推荐）及 Microsoft .NET Framework 2.0。

数据库服务器（Database Server）的软件配置如下。

操作系统：推荐 Windows 2003 Server 标准版（32 位）。

运行环境：SQL Server 2000。

客户端（Client）的软件配置如下。

操作系统：推荐 Windows XP 专业版。

浏览器：Microsoft Internet Explorer 6.0 或以上，推荐 IE7.0。

4. 使用说明

4.1 安装和初始化

4.1.1 附加数据库

（1）将“苏州工业职业技术学院毕业选题管理系统\DataBase”文件夹中的 Graduation Design ManagementSystem_Data.MDF 和 GraduationDesignManagementSystem_Log. LDF 文件复制到 SQL Server 2000 安装路径下的 MSSQL/Data 目录下或其他位置。

（2）选择“开始”→“程序”→Microsoft SQL Server→“企业管理器”命令，进入 SQL Server 2000 企业管理器。

（3）在“控制台根目录”窗格中连续单击父节点，展开至如图 6-1 所示。

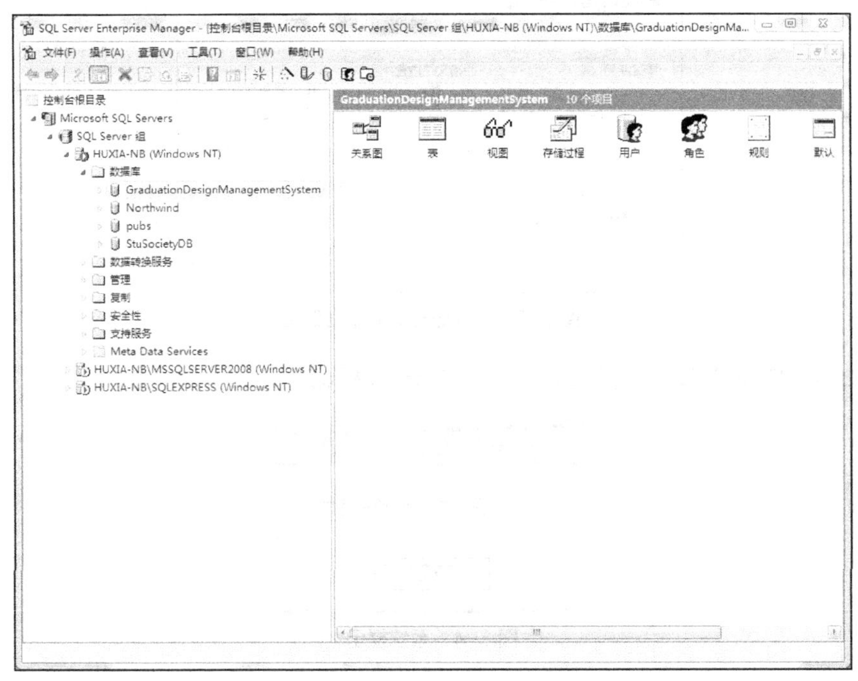

图 6-1 “控件台根目录”窗格

（4）选择“数据库”文件，单击鼠标右键，选择“所有任务”→“附加数据库”命令，如图 6-2 所示。

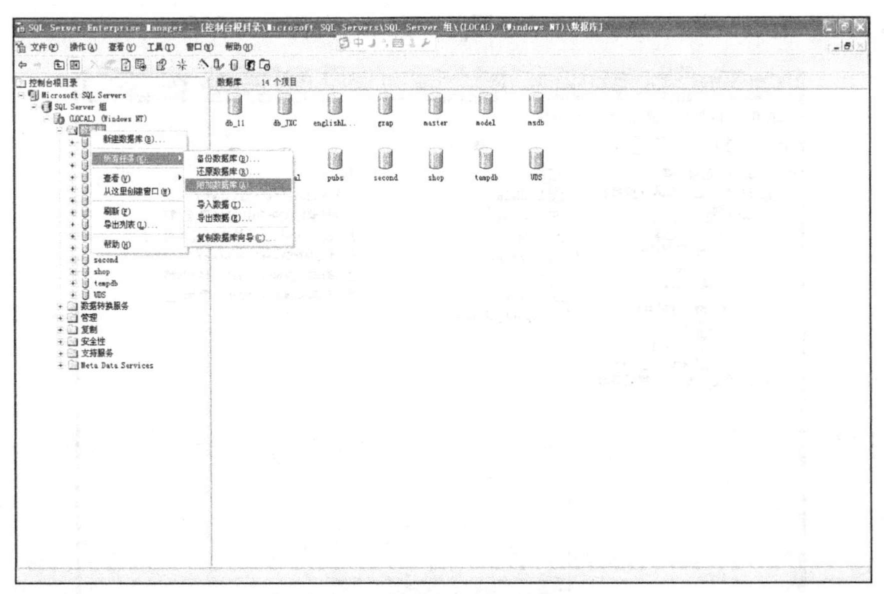

图 6-2 选择附加数据库

（5）在打开的“附加数据库”窗口单击“…”按钮，选择 SQL Server 2000 安装路径 MSSQL/Data 目录或数据库文件所在文件夹中的 GraduationDesignManagementSystem_ Data. MDF 数据库，如图 6-3 所示。

图 6-3　选择数据文件所在路径

（6）单击“确定”按钮，弹出如图 6-4 所示的提示框。

图 6-4　系统提示

（7）单击“确定”按钮，完成附加数据库操作。

4.1.2　IIS 配置

（1）依次选择“开始”→“设置”→“控制面板”→“管理工具”→“Internet 信息服务（IIS）管理器”选项，弹出“Internet 信息服务”窗口，如图 6-5 所示。

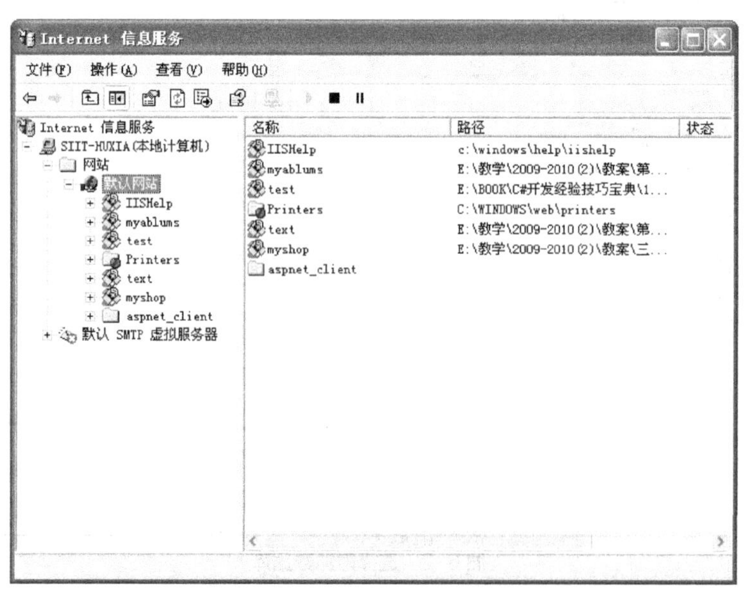

图 6-5　“Internet 信息服务”窗口

（2）选中“默认网站”节点，单击鼠标右键，选择“属性”命令，如图 6-6 所示。

图 6-6 选择“属性”命令

（3）弹出“默认网站 属性”对话框，如图 6-7 所示，单击“网站”选项卡，在“IP 地址”下拉列表中选择本机 IP 地址。

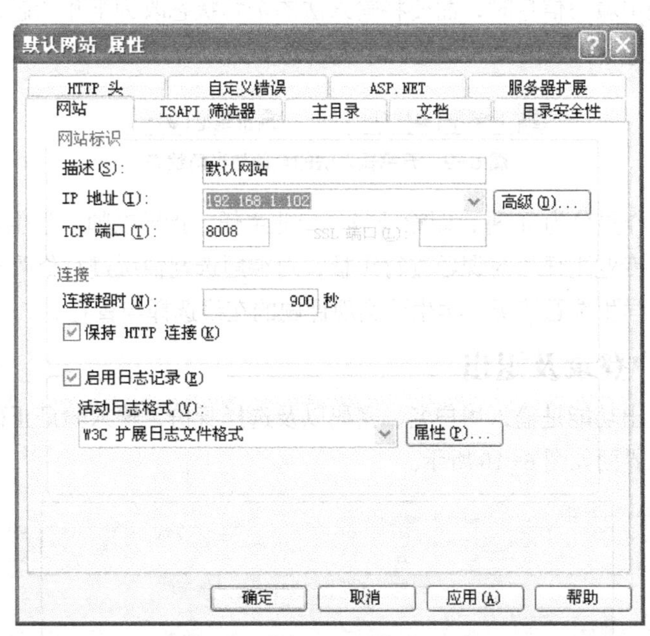

图 6-7 “默认网站属性”对话框

（4）单击“主目录”选项卡，如图 6-8 所示。单击“浏览”按钮，弹出“浏览文件夹”对话框，选择网站路径，单击“确定”按钮。

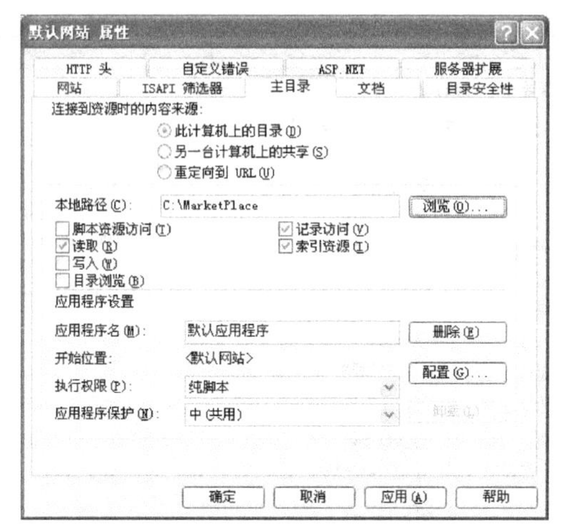

图 6-8　“主目录”选项卡

（5）选中首页文件 login.aspx，单击鼠标右键，在快捷菜单中选择“浏览”菜单命令。

4.2　程序使用说明

4.2.1　注意事项

用户在使用本系统之前，应注意以下事项。

（1）在本系统中填写信息时，需要将输入法的全角状态改为半角状态，否则程序可能会弹出错误提示，五笔输入法的全角状态和半角状态如图 6-9 所示。

图 6-9　五笔输入法的全角与半角状态

（2）本系统操作员分为 4 种，即管理员、专业主任、指导老师、学生。管理员可在系统中进行系统设置；专业主任可对课题进行审核，对课题选题情况进行修改；指导老师可以在线发布课题，审核学生选题情况；学生可实现课题的在线选择与查看。

4.2.2　用户登录及退出

用户登录及退出功能是输入用户名、密码以及选择身份，输入验证正确后，进入到相应的主页页面，登录界面如图 6-10 所示。

图 6-10　主界面

不同的用户使用不同的身份登录后，进入不同的主界面。

4.2.3 系统管理手册

1．删除用户

管理员进入系统后，单击“学生管理”，可根据编号进行学生信息的查询，如图 6-11 所示，单击每个学生最后一栏中的“删除”按钮即可删除学生。

图 6-11 查询学生信息

2．导入导出学生信息

用户单击图 6-12 所示的 Browse 按钮可选择需要导入学生的 Excel 表格。选择好文件后，单击“导入学生信息”按钮，可实现学生信息的导入。

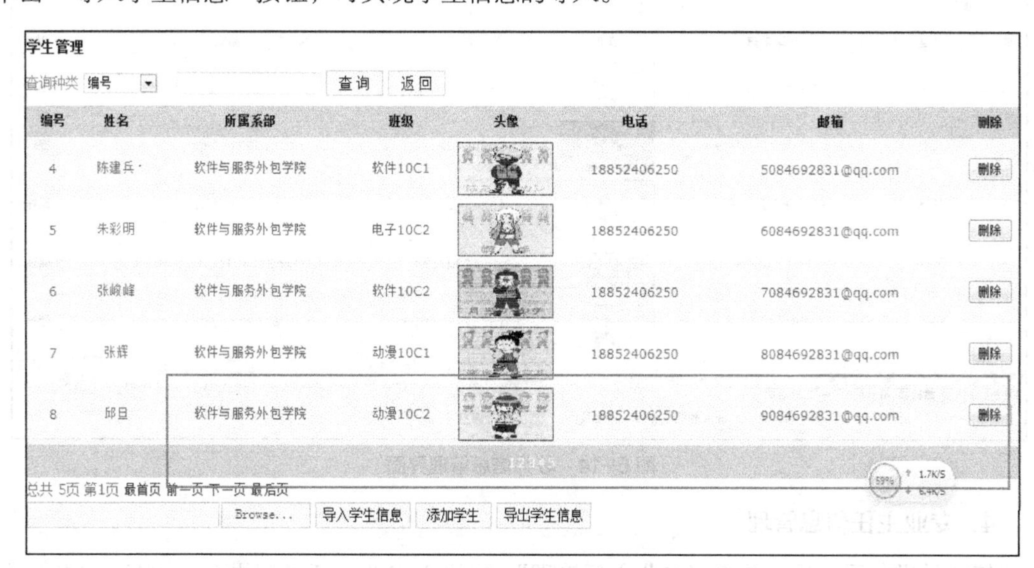

图 6-12 “导入学生信息”按钮

单击“导出学生信息”按钮，可将现有的学生信息导出到 Excel 表格中。

单击“添加学生”按钮，可进入学生添加界面，如图 6-13 所示。

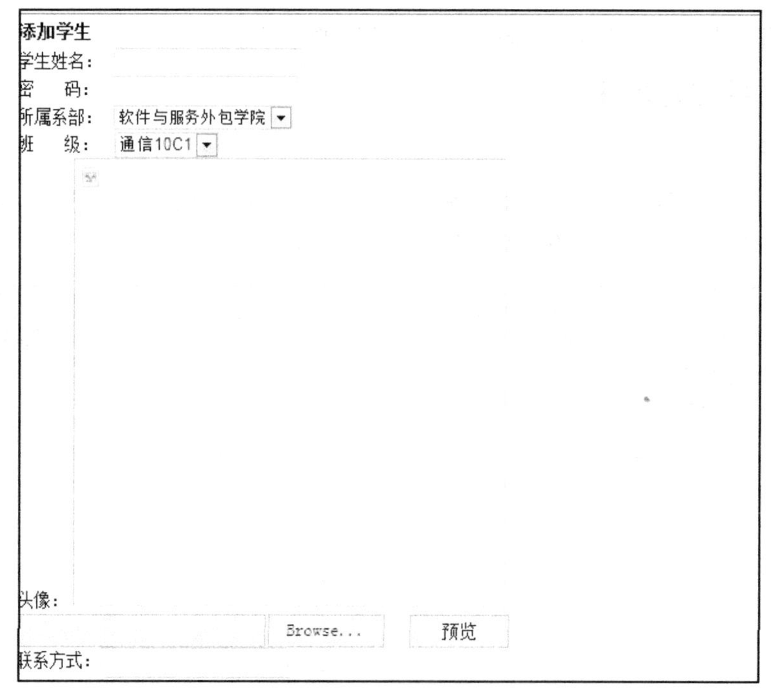

图 6-13 添加学生信息界面

3. 教师信息管理

管理员进入系统后，单击“教师管理”，可根据编号进行教师信息的查询。在此可进行教师信息的添加、删除和导入，如图 6-14 所示。

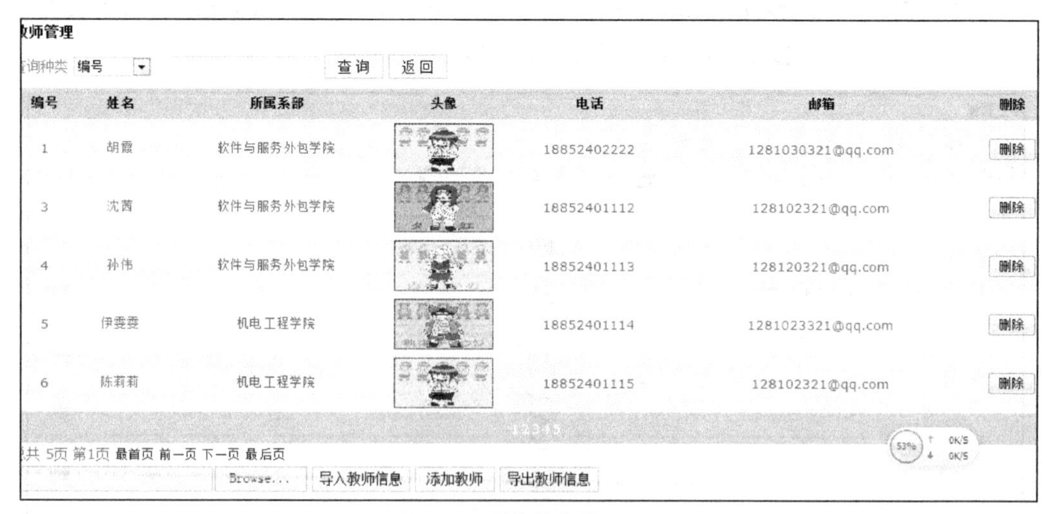

图 6-14 教师信息管理界面

4. 专业主任信息管理

管理员进入系统后，单击“专业主任管理”，可进入专业主任管理界面，如图 6-15 所示。在此可进行专业主任信息的添加、删除和修改。图 6-16 所示是添加专业主任信息的界面。

图 6-15　专业主任管理界面

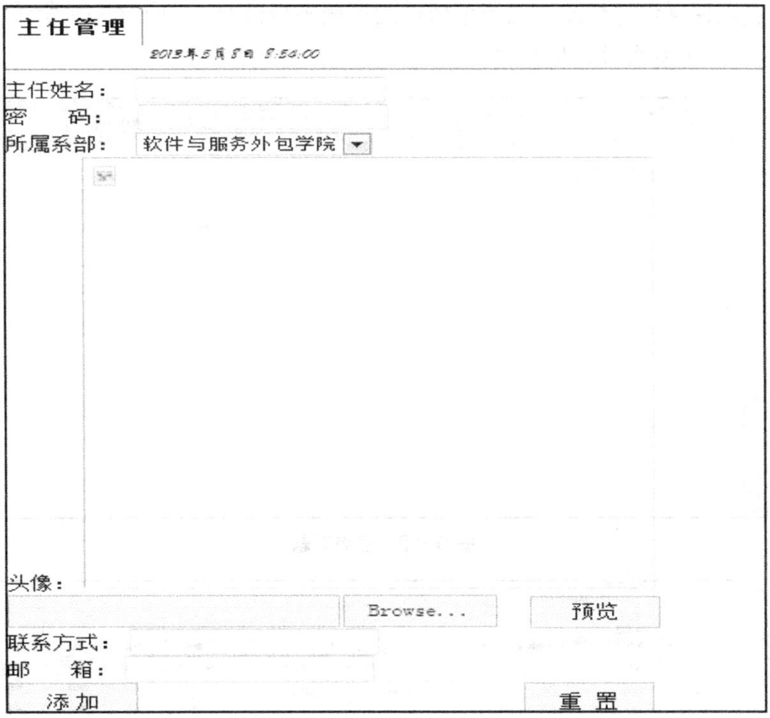

主任管理

2013年5月8日 8:54:00

主任姓名：

密　　码：

所属系部：软件与服务外包学院

头像：

Browse...　预览

联系方式：

邮　　箱：

添 加　重 置

图 6-16　专业主任信息添加界面

4.2.4　教师用户操作手册

1．添加课题

教师登录后，可单击“添加课题”，可进入图 6-17 所示的教师添加课题界面。在此可完成课题名、课题类型的添加。课题等待专业主任审核后，才可发布供学生查看。

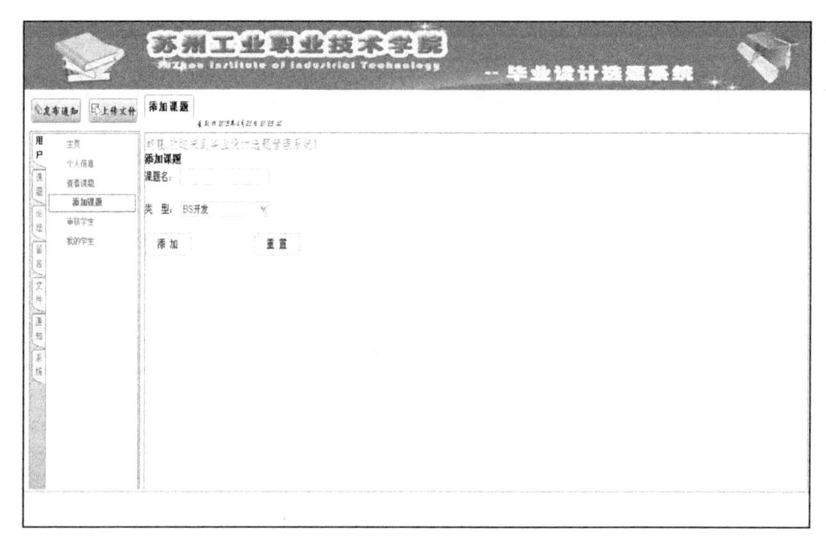

图 6-17　教师添加课题界面

2．查看课题

教师登录后，可单击“查看课题”，查询课题当前的审核状态，如图 6-18 所示。可单击“修改”按钮进入课题信息修改。已经审核过的课题不得修改，如图 6-19 所示。课题等待专业主任审核后，才可发布供学生查看。

图 6-18　查看课题

图 6-19　审核过课题不可修改

3．审核课题（见图 6-20～图 6-23）

教师登录后，可单击“审核课题”，查看课题报选情况，如图 6-20 所示。

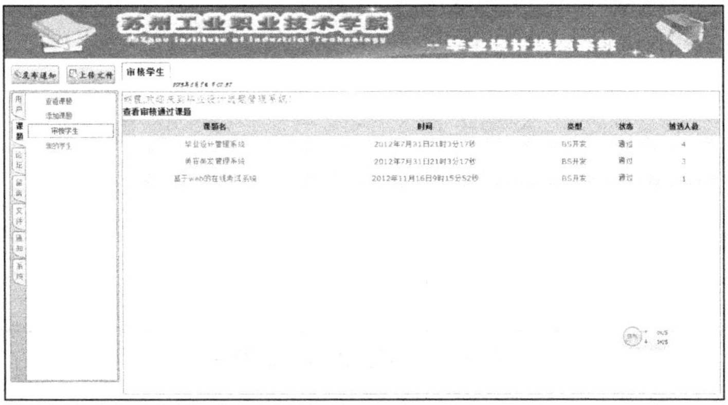

图 6-20　教师课题被选情况

可单击课题名，查看当前选择该课题的学生。单击“选择”按钮可审核通过该同学选择本课题，如图 6-21 所示。一旦选定一个学生后，其他学生自动被拒绝，如图 6-22 所示。老师可使用“取消”按钮撤销选择。

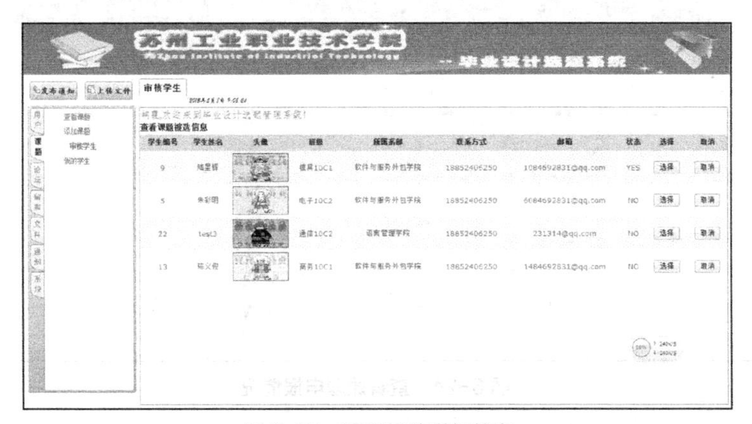

图 6-21　课题被选详细信息

图 6-22　一个课题只能被一个学生确定使用

审核完成后，可在“我的学生”列表中查看到课题和被选学生情况，如图 6-23 所示。

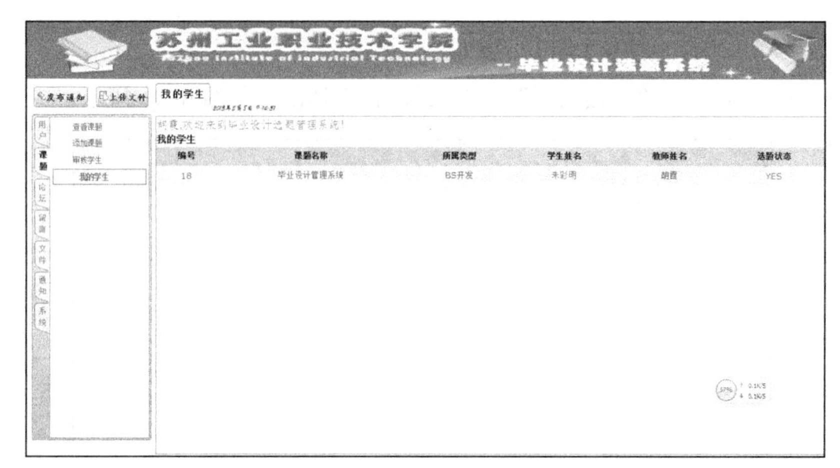

图 6-23　查看已经审核的学生

4.2.5　专业主任手册

系统初始化模块的主要功能是实现课题的审核与管理。本模块由专业主任完成。专业主任登录后，可单击查看课题，如图 6-24 所示。

苏州工业职业技术学院

--毕业设计选题系统

发布通知　上传文件　查看/审核

查看审核课题　教师查看　学生查看

查看课题

查询种类　人数　查询　返回

编号	课题名	教师	时间	类型	人数	状态	操作
17	[illegible]订餐系统	胡霞	2012年11月16日9时16分20秒	JAVA开发	0	未通过	通过 不通过
18	毕业设计管理系统	胡霞	2012年7月31日21时3分17秒	BS开发	4	通过	通过 不通过
19	美容美发管理系统	胡霞	2012年7月31日21时3分17秒	BS开发	3	通过	通过 不通过
20	校园讲座公告系统	胡霞	2012年7月31日21	BS开发	0	未通过	通过 不通过
21	网上购物系统	沈茜	2012年8月5日14时20分30秒	BS开发	1	通过	通过 不通过
22	校园招聘会系统	沈茜	2012年7月31日21时3分17秒	BS开发	0	通过	通过 不通过
23	网上订房系统	沈茜	2012年7月31日21时3分17秒	BS开发	1	通过	通过 不通过

图 6-24　查看课题申报情况

单击“通过”按钮，该课题可以发布，学生可在线查看课题，如图 6-25 所示。

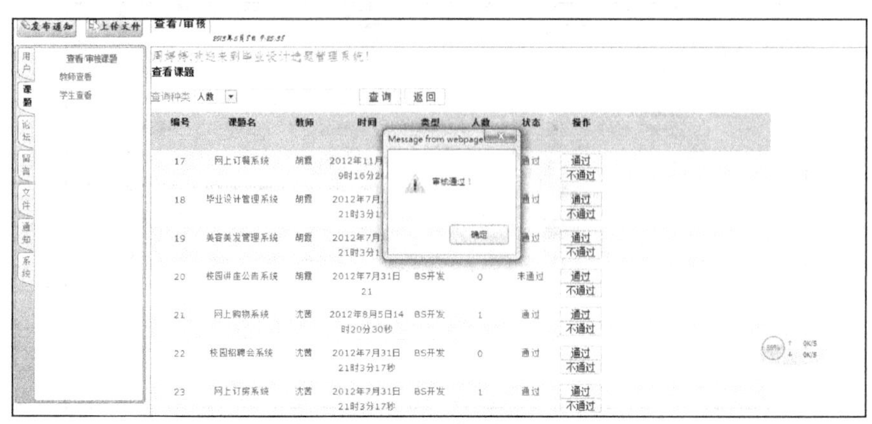

图 6-25　审核课题

4.2.6 学生使用手册

1．课题查看

单击课题查看选择，则可查看已经发布的课题，如图 6–26 所示。

图 6–26 查看课题

选择课题后，如果该课题已经有 4 个人选择了，则不能再选择，否则可以选择，同时该生在教师审核前不能进行再次选择。教师审核通过，则确定课题；教师拒绝，则可继续选择其他课题，如图 6–27 和图 6–28 所示。

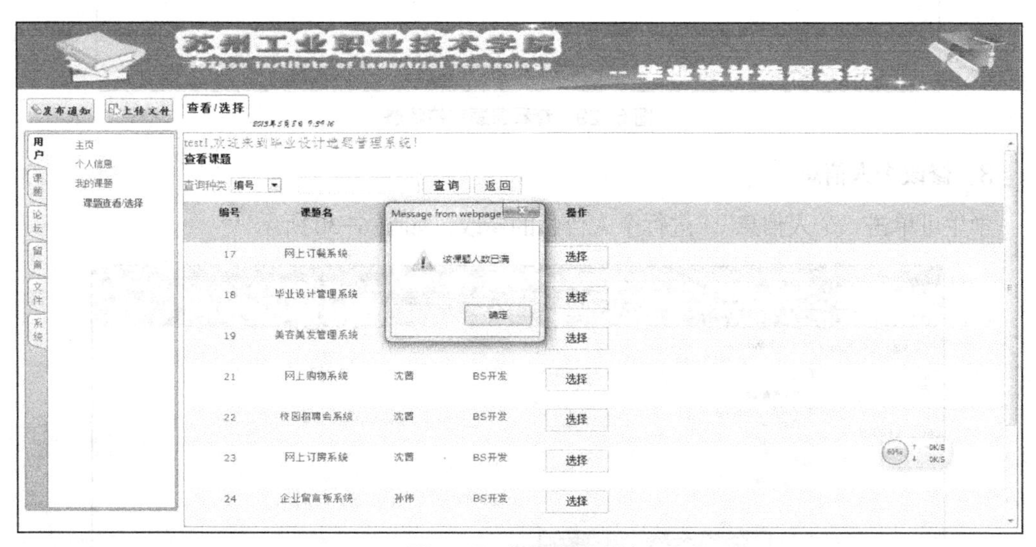

图 6–27 课题人数限制

2．查看课题审核状态

学生可单击“我的课题”，查看课题审核状态，如果状态显示 YES，则课题选择成功，否则还需等待老师审核，如图 6–29 所示。

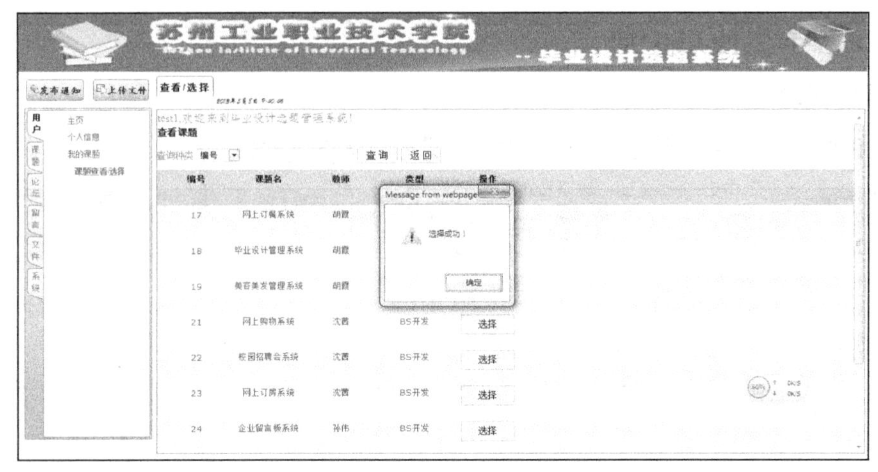

图 6-28　课题选择成功提示

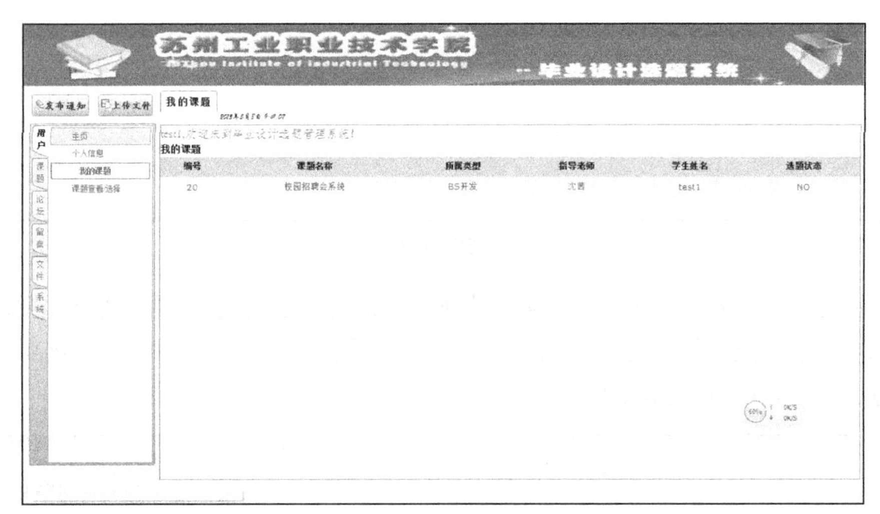

图 6-29　查看课题审核状态

3. 修改个人信息

学生可单击“个人信息”，进行个人信息的修改，如图 6-30 所示。

图 6-30　个人信息修改

4．论坛

学生可单击论坛发布帖子，或回复其他同学的帖子，如图 6-31、图 6-32 和图 6-33 所示。

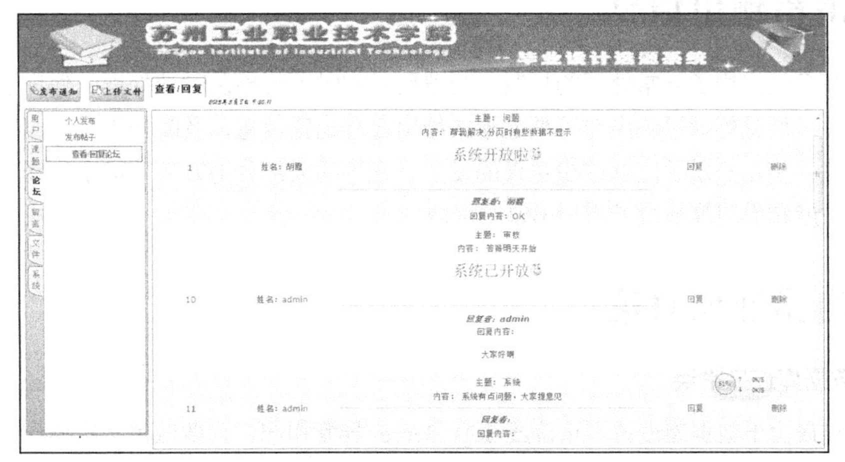

图 6-31　查看/回复论坛界面

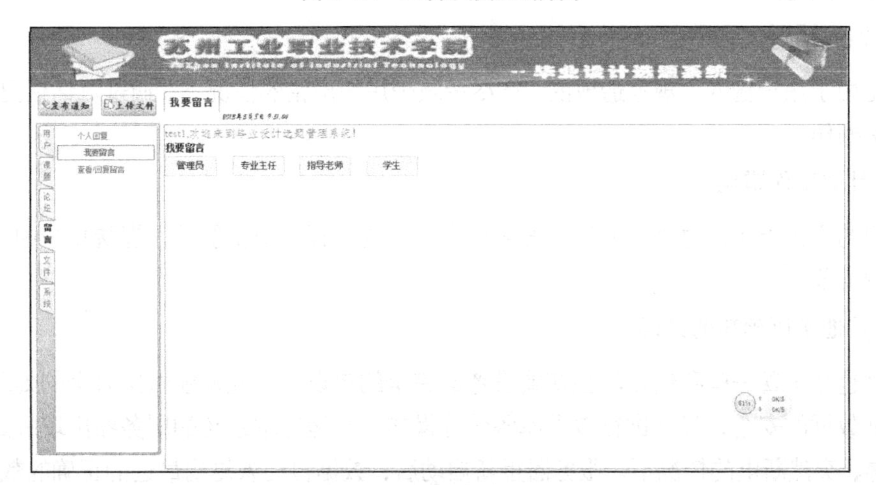

图 6-32　我要留言界面 1

图 6-33　我要留言界面 2

5. 出错处理

5.1 出错输出信息

本程序多处采用了异常处理的机制，当遇到异常时不但能及时地处理，保证程序的安全性和稳定性，而且能通过弹出对话框的形式给出各种出错信息，及时告诉用户出错的原因及解决的办法，使用户以后能够减少错误的发生。程序的大部分地方还采取了出错保护，如输入内容的长度和类型等减少了用户出错的可能。

5.2 出错处理对策

1．数据库连接错误

这类错误由于数据库设置不正确或 SQ1 Server 异常引起，只要取消本次操作，提醒用户检查数据库问题即可。

2．输入错误

这是由于用户输入不规范造成的，在尽量减少用户出错的情况下，通过对话框提醒用户，然后再次操作。

3．其他操作错误

用户的不正当操作也可能使程序发生错误，主要是程序中止执行，提醒用户中止的原因和操作的规范。

4．其他不可预知的错误

程序也会出现一些我们无法预知或没考虑完全的错误，对此未能做出万全的处理，这时主要保证数据的安全，经常进行数据库备份等操作。当运行本系统的服务器出现故障，如死机、蓝屏、突然断电的情况下，服务器重新启动后，数据自动恢复到最近的正确的数据信息。

项目 7 系统配置

工作任务 7.1 系统配置概述

软件配置管理贯穿于软件项目开发的整个过程。其主要内容是变更管理，例如标识变更、控制变更，并向其他开发人员报告变更，保证所有开发人员软件视图的一致性。

配置管理工具是用来进行配置管理的软件工具，一般具有标识、跟踪、管理软件版本等功能。“下载”→“编辑”→“上传”是配置管理工具的基本操作。“下载”是指从配置管理服务器中下载操作文件，“编辑”是指对操作文件进行增、删、改、查等操作，而“上传”则是将操作完成的文件上传到配置管理服务器。

在软件开发过程中，为什么需要配置管理呢？从需求分析、软件设计、软件实现，一直到测试、部署，整个过程环环相扣、缺一不可，如果没有版本控制工具的协助，在开发中我们经常会遇到下面的一些问题。

（1）代码管理混乱。

如果是别人添加或删除一个文件，你很难发现。没有办法对文件代码的修改追查跟踪。甚至出现文件丢失，或新版本代码被同伴无意覆盖等现象。

（2）解决代码冲突困难。

当大家同时修改一个公共文件时，解决代码冲突是一件很头疼的事。最原始的办法是手工打开冲突文件，逐行比较，再手工粘贴复制。更高级的做法是使用文件比较工具，但仍省不了繁杂的手工操作，一不小心，甚至会引入新的 Bug。

（3）在代码整合期间引入深层 Bug。

例如，开发者 A 写了一个公共函数，B 觉得正好可以复用；后来 A 又对这个公共函数进行了修改，添加了新的逻辑，而这个改动却是 B 不想要的。或者是 A 发现这个公共函数不够用，又新做了一个函数，B 却没有及时获得通知。这样，都为深层 Bug 留下了隐患。

（4）无法对代码的拥有者进行权限控制。

代码完全暴露在所有开发者面前，任何人都可以随意进行增、删、改操作，无法指定明确的人对代码进行负责，特别是产品的开发，这是极其危险的。

（5）项目的不同版本发布困难。

在产品的开发过程中，会频繁进行版本发布，这时如果没有一个有效的管理产品版本的工具，一切将变得非常艰难。

上面只是列举了一些没有版本控制系统可能带来的问题，特别是对大型项目和异地协同开发来说一个合适的版本控制工具可以有效解决因为代码版本不同引起的各种问题，让我们的开发人员能把更多精力花费在开发上面。而不是每次都花费很多时间进行代码整合和解决版本不同带来的各种问题。

一般来说，软件开发团队在配置管理工作中的做法是：在软件实现的开始，项目经理会依照软件设计文档，实现相应模块。然后项目经理会选用一个配置工具，比如 SVN。项目经理要求各成员每天更新工作情况，如从配置管理服务器下载代码等操作文件，而工作结束后要求团队成员提交上传当天工作任务，如将本地的代码等操作文件上传到服务器，以防止各成员丢失、覆盖、遗忘自己的工作成果。

工作任务 7.2　系统配置方式

1．原始的文件共享方式

配置管理的主要内容是变更管理，所谓文件共享方式是指用一台计算机作为共享文件的服务器，团队成员在各自的计算机访问共享文件，进行对应的操作。

但这种文件共享的方式存在严重弊端：版本混乱、各种不一致问题频频出现，配置管理的工作量很大。在这种方式管理下，由于在同一时刻只允许一个成员获得某文件的控制权，而各成员对其他成员的当前工作状况不了解，等待、协调的成本就特别大，最后可能每个成员会将大量的时间花在关注其他成员的工作上。而且，文件共享的管理方式还会导致另外一个问题，由于这种共享方式只适用于局域网，因此所有的团队成员必须在同一时间、同一地点工作，这对于学生团队的难度是很大的，为了打破必须在同一局域网的限制，有的团队不用局域网，直接采用 U 盘拷贝的方式。即便采用拷贝的手段，实际上还是需要保证数据的一致性、完整性，工作量同样巨大。

2．采用专业的软件配置管理工具

版本控制是程序开发、管理必不可少的工具，特别是在多人协作的团队中，适宜的版本控制工具可以提高开发效率，消除很多有代码版本带来的问题。平面是一些专业的软件配置管理工具。

Starteam：是一个集合了版本控制、构建管理（Build Management）和缺陷跟踪系统为一体的软件，并且具有强大的图形界面，易学易用。但它管理复杂、维护困难。2002 年底被 Borland 公司收购。

PVCS Version Manager：是美国的 MERANT 公司软件配置管理工具 PVCS 家族中的一个组成部分，它能够实现源代码、可执行文件、应用文件、图形文件和文档的版本管理；它能安全地支持软件并行开发，对多个软件版本的变更进行有效的控制管理。

ClearCase（CC）：是 ROSE 构件的一部分，目前最好的配置管理工具，主要应用于复杂的产品发放、分布式团队合作、并行的开发和维护任务。可以控制 Word、Excel、Powerpoint、Visio 等文件，对于不认识的格式可以自己定义一种类型来标识。

Visual SourceSafe（VSS）：简单易用、方便高效、与 Windows 操作系统及微软开发工具高度集成。

CVS（Concurrent Versions System）：是开发源码的并发版本系统，它是目前最流行的面向软件开发人员的源代码版本管理解决方案。它可用于各种平台，包括 Linux 、UNIX 和 Windows NT/2000/XP 等。

前面 3 种是重量级的商业版本控制工具，更适合庞大的团队和项目，并且价格不菲。Visual SourceSafe 是微软的产品，当然只能用在 Windows 平台并与微软的开发工具无缝集成。CVS 免费开源，并且几乎所有开源项目都是使用 CVS 进行版本管理。

附录A 项目开发实战课程实施方案

一、项目开发实践的目的

项目开发实践是计算机软件的一个综合性实践环节，通常安排在大学课程较后一段时间进行。它是围绕多门专业课，综合运用所学专业知识，结合实际应用项目而进行的一次综合分析、设计和实践能力的训练。项目开发实战课程的目的是使学生能够针对具体软件项目，按照软件规范进行软件开发。培养学生面向对象程序设计能力、图形用户界面设计能力、项目管理能力、合作意识和团队精神；培养学生软件开发过程文档的编写能力，从而全面提高学生独立分析、解决实际项目的能力。

二、实践的任务、内容及要求

任务：学生根据老师给定或者学生自己拟订经老师认可后的课题进行实践设计，最终完成并提交解决方案以及项目实践报告书。

内容：详见“附录B项目开发实践参考题目”

要求：

（1）需求分析到位、设计方案合理。

（2）数据存储结构设计合理。

（3）系统界面美观大方、结构合理。

（4）系统使用方便，交互性较好。

（5）编码简洁、稳定、扩展性强。

（6）合理查阅资料、独立分析解决问题。

（7）认真撰写实践设计报告。

三、项目实践进程安排

项目开发实践的时间安排为 72 课时，分几个阶段完成，具体进度及要求建议如表 A-1所示。

表 A-1 项目实践进程安排

名 称	时间（课时）	工作内容
下达设计任务	4	说明设计的方法，并对设计任务解释说明
收集、分析资料及文档	5	选定项目题目后，在小组讨论基础上进行需求分析，收集和分析资料，建立项目进度
功能设计	8	各项目组完成用户界面设计、数据库表设计、功能模块设计，并画出功能结构图、层次关系图等
功能设计检查	2	功能设计中间检查，并初步分工
详细设计	6	建模、软件规格说明书

续表

名　　称	时间（课时）	工作内容
详细设计检查	4	详细设计中间检查，明确各成员分工
程序编码、实现和测试	25	根据方案进行现场编程、调试
文档或报告撰写、提交和答辩	18	各小组提交文档，教师根据情况选择是否答辩及答辩方式

四、项目实践地点

.NET 实训室或 JAVA 实训室。

五、组织管理

（1）分组领取任务，按每小组 4~6 人的标准进行分组，抽签决定。

（2）项目实践期间，严格按照作息时间表进行考勤，做好出勤记录。

（3）项目实践期间，制定值日表，轮流做好机房卫生工作。

六、考核评估说明

通过设计答辩的方式，结合学生的动手能力，培养独立分析解决问题的能力和创新精神，对总结报告、答辩水平以及学习态度综合评价。成绩分为优、良、及格和不及格 4 等。考核标准如下。

（1）职业素养（30%）

包括工作态度（10 分）、协作能力（10 分）、道德（ 5 分）、自学能力（ 5 分）等，该部分评分由组长和老师共同评定。

（2）项目实践质量（70%）

包括作品（程序）质量（50 分）和报告质量（20 分）。

- 作品评定比例为：界面（10 分）、功能（20 分）、难度（10 分）、规范（10 分），前 2 项由小组互评，后 2 项由教师评定。
- 报告评定比例为：系统分析（ 5 分）、系统设计（ 5 分）、报告书（10 分），该项由任课教师评定得分。
- 创新附加分（10 分）：由其他组互评确定该项分值。

（3）汇报总结

汇报总结环节，全班每位同学均需要做准备，每组选取一位同学向全班同学做项目汇报。汇报完成后，全组同学共同参与答辩，由其他组或者教师提出问题，涉及自己的部分需要主动回答，该阶段作为小组互评的重要依据。

作品质量评分标准如下。

- 题目难度和所涉及的知识面占 10%（10 分）。简单得 3~4 分，中等得 5~7 分，难而广得 8~10 分。
- 界面设计占 10%（10 分）。基本符合题日要求得 3~4 分，符合题目要求但不够合理及美观得 5~7 分，符合题目要求且合理又美观友好得 8~10 分。
- 编程规范占 10%（10 分）。命名语句格式部分按照规范得 3~4 分，大部分都能够按照编程要求得 5~7 分，完全遵循软件编程规范，有详细注释得 8~10 分。

- 功能实现占 20%（20 分）。只有部分模块基本运行正确得 6~8 分，大部分模块能运行正确得 10~15 分，所有功能都能实现且有创新功能得 15~20 分。

总结报告包括需求分析、总体设计、详细设计、编码、测试的步骤和内容、项目实践总结、参考资料等，不符合以上要求者，则本次设计不及格。

- 设计报告占 10%（10 分）。根据个人总结情况、体会深度酌情给分，有但不完整得 5~6 分，有且完整得 6~8 分，有且完整、思路清晰、中心突出得 8~10 分。
- 需求分析/系统分析文档（5 分）。根据各组需求分析的情况，得 0~5 分不等。
- 系统设计 5%（5 分）。根据系统概要设计和详细设计（包括数据库设计方案）的合理性考虑，得 0~5 分不等。

附录B　项目开发实战参考题目

1. 学生信息管理系统

1.1　系统设计

1.1.1　设计目标

随着社会的发展，学生培养计划已不再一成不变，各个学校纷纷推出了面向全体学生的选课服务。这项旨在为大家提供一个更加宽松自由，而且更符合学生意愿的服务已成为当代学生学习过程中不可缺少的一部分。正是计算机技术的迅速发展使得人们从过去繁复的手工劳作中得以解脱，从而使这种服务在现在才可能迅速普及。同时，编写一套完善的学生信息管理系统的任务就显得尤为必要。

1.1.2　开发设计思想

开发设计思想主要包括以下几项。

（1）尽量采用学校现有软硬环境及先进的管理系统开发方案，从而达到充分利用学校现有资源，提高系统开发水平和应用效果的目的。

（2）系统应符合学校学生信息管理的规定，满足对学校学生日常管理的需要，并达到操作过程中的直观、方便、实用、安全等要求。

（3）系统采用模块化程序设计方法，既便于系统功能的各种组合和修改，又便于未参与开发的技术维护人员补充、维护。

（4）系统应具备数据库维护功能，及时根据用户需求进行数据的增加、删除、修改、备份等操作。

1.1.3　开发和运行环境选择

开发工具：SQL Server 数据库、Visual Studio.NET 软件开发工具。

运行环境：Windows 操作系统。

1.1.4　系统功能分析

本系统主要用于学校学生信息管理，主要任务是用计算机对学生各种信息进行日常管理，如查询、修改、增加、删除，另外还考虑学生选课。针对这些要求，设计了本学生信息管理系统。该系统主要包括学生信息查询、教务信息维护和学生选课 3 部分。“学生信息查询”主要是按检索某系的学生信息，其中包括所有的学生记录。“教务信息维护”主要是维护学生、系、课程和学生选课及成绩等方面的基本信息。包括增、删、改等功能。

以上两项功能主要为教务人员使用，使用时要核对用户名和口令。

“学生选课”是为学生提供选项课界面。该界面要列出所有课程信息供学生查询和选课。学生进入该界面前要输入自己正确的信息。该界面核对学号和姓名后显示该生所得学分，同时显示出该生的选课表，课表反映该生选课情况。学生选课受一些条件的约束，如课程名额限制等。该界面允许学生选课和退课。

1.1.5 系统功能模块设计

系统主要包括以下功能模块。

（1）主界面模块

该模块提供教务管理系统的主界面，是主系统的唯一入口和出口。用户在该界面选择并调用各子模块，进入教务人员管理功能还要核对用户名和口令。

（2）查询模块

该模块提供显示学生信息界面，用户可以选择查询一个系，该模块查询并显示该系信息和该系的学生信息。

（3）数据维护模块

该模块允许用户选择一个维护对象（例如，课程），然后进行维护工作（增、删、改），该界面还提供一般的信息浏览。

（4）学生选课模块

该模块提供选课界面，每个学生进入该界面后，先输入自已的学号和姓名，该模块检查其合法性。如果正确，显示该生的新选课表等有关信息。该界面允许学生查询课程，并进行选课、退课等操作。该模块对选课过程进行了一系列必要的检查，如出现课程已选、没有名额等情况时，都会给出出错信息。

采用模块化思想可以大大提高设计的效率，并且可以最大限度地减少不必要的错误。其系统结构框图如图 B-1 所示。

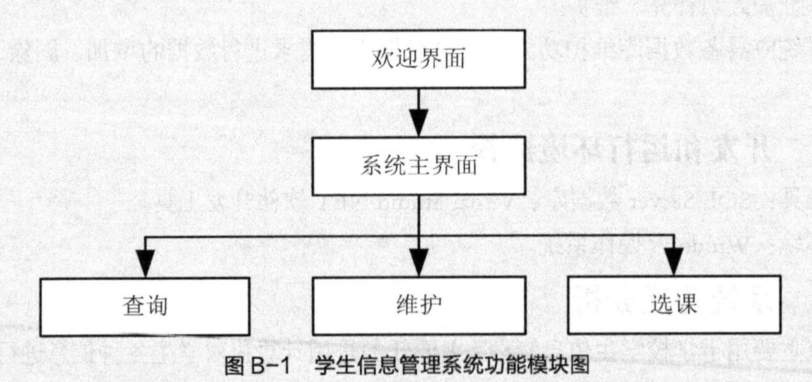

图 B-1 学生信息管理系统功能模块图

1.2 数据库设计

1.2.1 数据库需求分析

根据多年学生管理经验及用户需求调查分析，画出系统数据流程图，如图 B-2 所示。

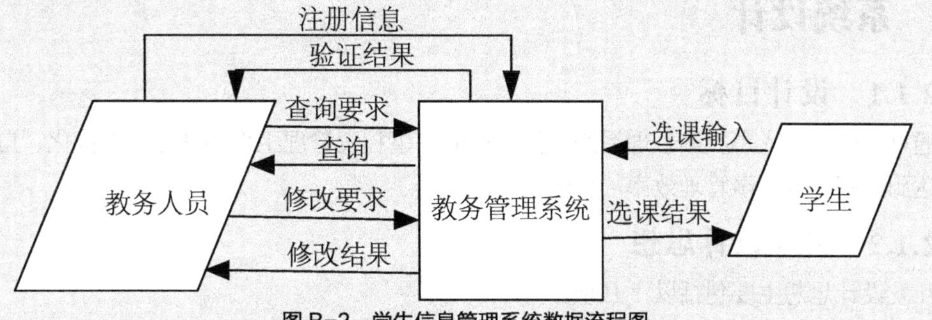

图 B-2 学生信息管理系统数据流程图

1.2.2 数据库概念设计

有了数据流图，用 E-R 图来说明学生信息管理系统的数据库概念模式，如图 B-3 所示。

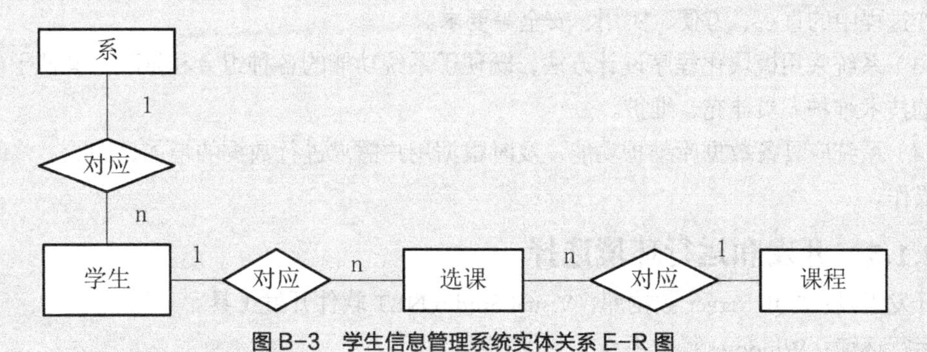

图 B-3 学生信息管理系统实体关系 E-R 图

1.2.3 数据库逻辑设计

将图 B-3 的 E-R 图转换成如下关系模式。

- 系（系号、系名、电话）。
- 学生（学号、姓名、性别、年龄、系号）。
- 课程（课程号、课程名、学分、上课时间、名额）。
- 选课（学号、课程号、成绩）。
- 教务员（注册名、口令）。

其中，标有下划线的字段表示该表的主键。在上面的实体以及实体之间关系的基础上，形成数据库中的表格以及各个表格之间的关系。

2. 企业人事档案管理系统

人事档案管理是所有厂矿、公司、企事业单位所必需的，人事档案管理系统包括对人事档案的统计、查询、更新、打印输出等功能。如果人工直接统计，工作量将很大，若公司人员有几万甚至几十万，人工统计将变得不可想象。用计算机可使人们从繁重的劳动中解脱出来，仅使用一些简单的操作便可及时、准确地统计需要的信息。

2.1 系统设计

2.1.1 设计目标

通过一个企业人事档案管理系统，使企业的人事档案管理工作系统化、规范化、自动化，从而达到提高企业人事管理效率的目的。

2.1.2 开发设计思想

开发设计思想主要包括以下几项。

（1）尽量采用企业现有软硬环境及先进的管理系统开发方案，从而达到充分利用公司现有资源，提高系统开发水平和应用效果的目的。

（2）系统应符合企业人事档案管理的规定，满足对公司日常员工档案管理的需要，并达到操作过程中的直观、方便、实用、安全等要求。

（3）系统采用模块化程序设计方法，既便于系统功能的各种组合和修改，又便于未参与开发的技术维护人员补充、维护。

（4）系统应具备数据库维护功能，及时根据用户需求进行数据的增加、删除、修改、备份等操作。

2.1.3 开发和运行环境选择

开发工具：SQL Server 数据库、Visual Studio.NET 软件开发工具。

运行环境：Windows 操作系统。

2.1.4 系统功能分析

系统主要包括以下功能。

（1）密码设置：每个操作员均有自己的密码，可以防止非本系统人员进入系统，又因每个人的权限不一致，故可以防止越权操作。

（2）权限设置：设置每个人的权限，使每个人都有自己的操作范围，不能超出自己的范围操作。一般只有负责人可以进行权限设置。

（3）初始化：将计算机中保留的上一次操作后的结果清除。以备重新查询、更新、统计、输出等功能的执行。

（4）档案更新：为了存放职工人事档案的全部数据，本系统将每一名职工的档案分为人事卡片、家庭成员和社会关系分别存放。档案更新包括对各种表的记录、修改、删除、增加等操作。

（5）档案查询：可以按姓名、部门或任意条件查询个人和一部分人的情况。

（6）档案统计：包括统计文化程度、技术职务、政治面貌、年龄、工资等。

（7）档案输出：可以输出个人档案、全体档案、人事卡片、单位名册、团员名册到屏幕或打印机上。

（8）其他操作：包括修改密码、设置权限等。

（9）退出：可以存盘退出或直接退出。

2.1.5 系统功能模块设计

在系统功能分析的基础上，得到如图 B-4 所示的系统功能模块图。

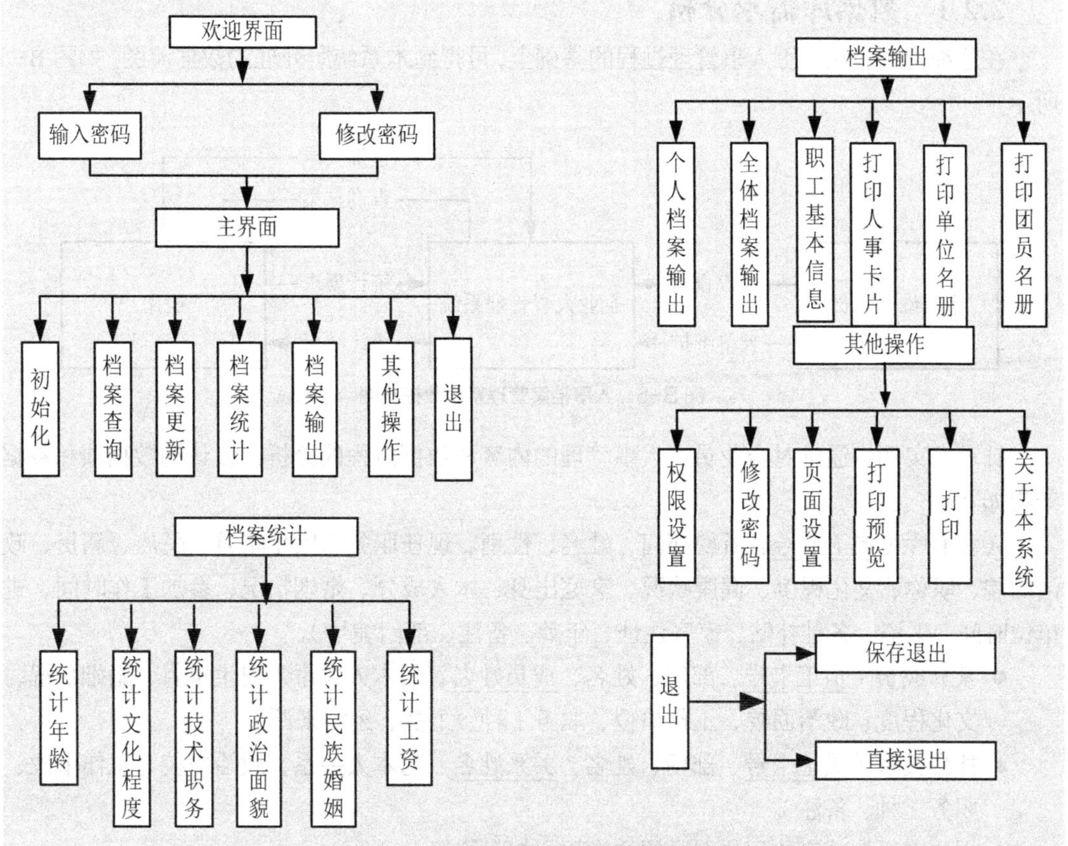

图 B-4 人事档案管理系统功能模块图

2.1.6 人事档案管理系统和企业中其他系统的关系

（1）与培训管理系统的接口

如果一个企业同时具有人事管理系统和培训管理系统，这两个系统之间应该实现如图 B-5 所示的数据交流和接口。

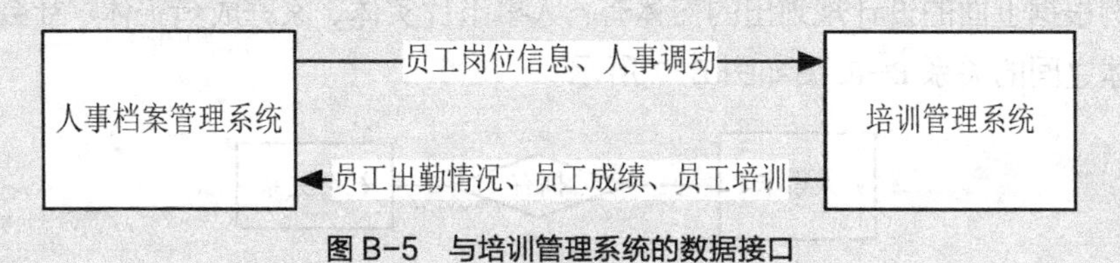

图 B-5 与培训管理系统的数据接口

（2）与全企业信息管理系统的接口

企业人事管理系统是全企业信息管理系统的一个有机组成部分。在可能的情况下，人事管理系统模块可以作为全企业管理系统的一个模块，直接被调用。

2.2 数据库设计

2.2.1 数据库需求分析

在仔细调查企业员工人事管理过程的基础上，可得到本系统所处理的数据流图，如图 B-6 所示。

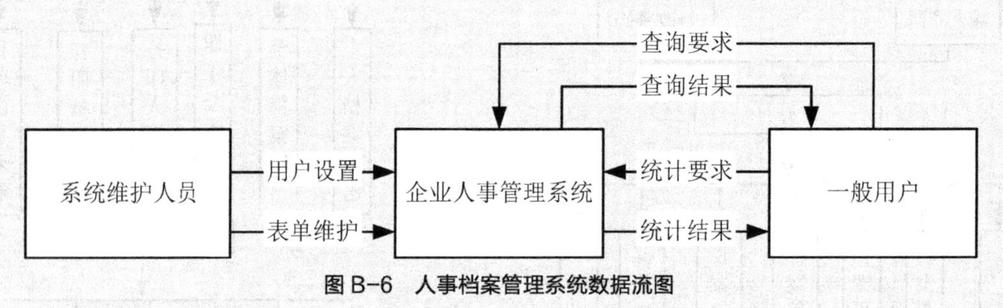

图 B-6 人事档案管理系统数据流图

针对本实例，通过对企业员工人事管理的内容和数据流程的分析，设计的数据项和数据结构如下。

人事卡片（员工卡号、所属部门、姓名、性别、现任职务、出生年月、民族、籍贯、政治面貌、职称、文化程度、健康状况、家庭出身、本人成分、婚姻状况、参加工作时间、进单位时间、工资、各种补贴、家庭住址、年龄、备注、部门编号）。

- 家庭成员（员工卡号、部门、姓名、成员姓名、与本人关系、出生年月、婚姻状况、文化程度、政治面貌、工作单位、职务工种、工资、经济来源）。
- 社会关系（员工卡号、部门、姓名、关系姓名、与本人关系、政治面貌、工作单位、职务工种、备注）。
- 用户密码校验表（用户名、用户密码、权限等级）。

有了上面的数据结构、数据项和数据流程，就能进行下面的数据库设计。

2.2.2 数据库结构设计

这一设计阶段是在需求分析的基础上，设计出能够满足用户需求的各种实体以及它们之间的关系，为后面的逻辑结构设计打下基础。

本实例根据上面的设计规划出的实体有：人事卡片实体、家庭成员实体、社会关系实体。实体和实体之间的关系 E-R 图如图 B-7 所示。

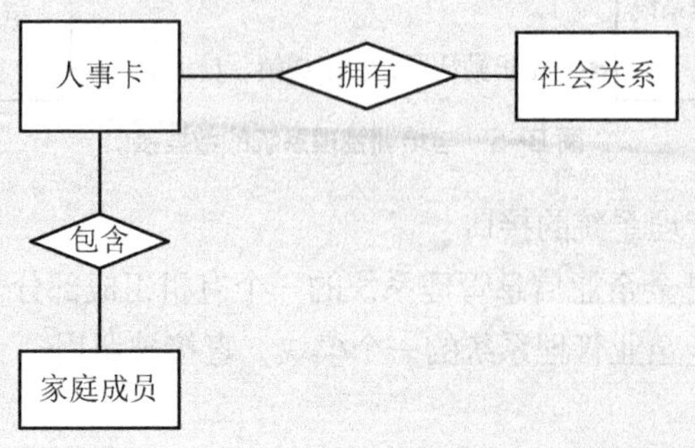

图 B-7 人事档案管理系统各实体的 E-R 图

在上面的实体以及实体之间关系的基础上，形成数据库中的表格以及表格之间的关系。

3. 医院管理系统

现代化的医院也应该有现代化的管理系统。在科技日益发达的今天，人们的身体健康也在不断受到重视。因此，医院进行现代化管理就变得尤为重要。

3.1 系统设计

3.1.1 系统设计目标

通过一个医院管理系统，使医院的管理工作系统化、规范化、自动化，从而达到提高医院管理效率的目的。

3.1.2 开发设计思想

开发设计思想主要包括以下几项。

（1）尽量采用医院现有软硬环境及先进的管理系统开发方案，从而达到充分利用医院现有资源，提高系统开发水平和应用效果的目的。

（2）系统应符合医院员工规定，满足对医院日常员工管理的需要，并达到操作过程中的直观、方便、实用、安全等要求。

（3）系统采用模块化程序设计方法，既便于系统功能的各种组合和修改，又便于未参与开发的技术维护人员补充、维护。

（4）系统应具备数据库维护功能，及时根据用户需求进行数据的增加、删除、修改、备份等操作。

3.1.3 开发和运行环境选择

开发工具：SQL Server 数据库、Visual Studio.NET 软件开发工具。

运行环境：Windows 操作系统。

3.1.4 系统功能分析

系统功能分析是在系统开发的总体任务的基础上完成的。本医院管理系统需要完成的功能主要有以下几项。

- 员工各种信息的输入，包括员工基本信息、职称、岗位。
- 员工各种信息的查询和修改，包括员工基本信息、职称、岗位、工资等。
- 员工的人事调动管理。
- 病人信息的管理。
- 医院病床的管理。
- 药剂资源管理。
- 仪器资源管理。
- 系统用户管理权限管理。

3.1.5 系统功能模块设计

在系统功能分析的基础上，得到如图 B-8 所示的系统功能模块图。

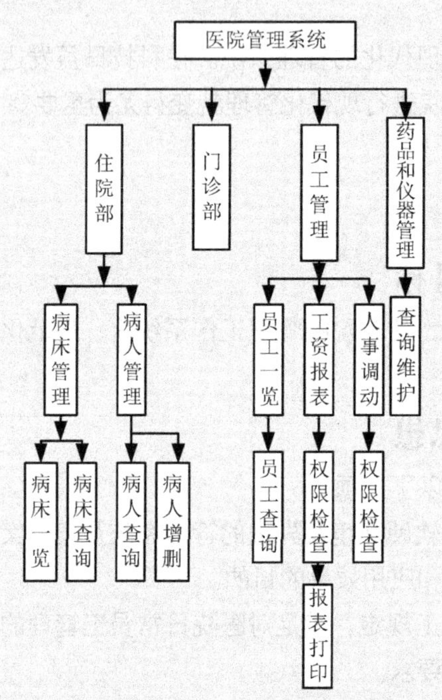

图 B-8 医院管理系统功能模块图

3.2 数据库设计

3.2.1 数据库需求分析

在仔细调查医院管理过程的基础上，得到本系统所处理的数据关系图，如图 B-9 所示。

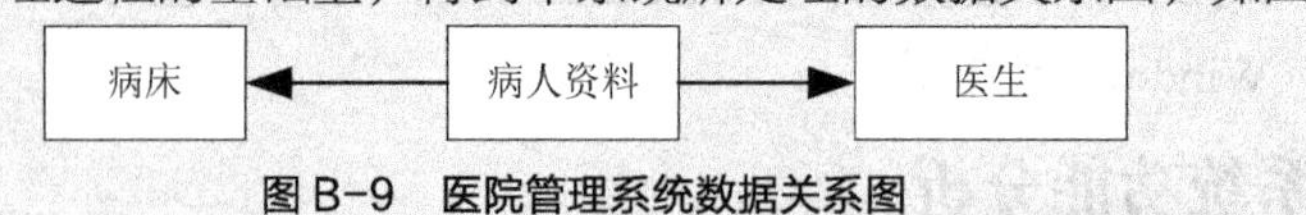

图 B-9 医院管理系统数据关系图

针对本实例，通过对医院管理的内容和数据关系的分析，设计的数据项和数据结构如下。

- 员工基本状况（员工号、员工姓名、性别、所在部门、身份证号、生日、籍贯、国籍、民族、婚姻状况、健康状况、参加工作时间、员工状态、家庭住址、联系电话）。
- 员工工资状况（员工号、工资项别、工资金额）。
- 医院工作岗位信息（工作岗位代号、工作岗位名称）。
- 医院部门信息（部门代号、病人性别、入院时间、病人所属科室、药剂库存数量、备注）。
- 病人信息（病人姓名、病人性别、入院时间、病人所属科室、病人状况、病人主治医生、房间号、病床号）。
- 药剂资源管理信息（药剂代号、药剂名称、药剂价格、药剂库存量、备注）。
- 医疗仪器管理（仪器代号、仪器名称、仪器价格、仪器数量、备注）。

有了上面的数据结构、数据项和数据关系，就能进行数据库设计。

3.2.2 数据库结构设计

根据上面的设计规划出的实体有员工实体、部门实体、岗位实体、病人实体、药剂实体、仪器实体。

实体和实体之间的关系 E-R 图如图 B-10 所示。

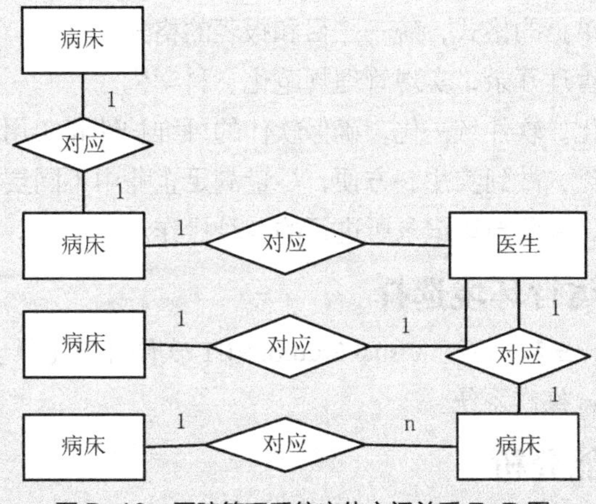

图 B-10 医院管理系统实体之间关系 E-R 图

在上面的实体以及实体之间关系的基础上，就可以形成数据库中的表格以及各个表格之间的关系。

4. 仓库管理系统

由于所掌握的物资种类众多，订货、管理、发放的渠道各异，各个企业之间的管理体制不尽相同，种类统计计划报表繁多等原因，企业的物资管理往往是很繁琐的，因此仓库物资管理有必要实现计算机化，而且必须根据企业的具体情况制定相应的方案。

根据当前的企业管理机制，一个完整的仓库管理系统应包括计划管理、合同托收管理、仓库管理、定额管理、统计管理、财务管理等模块。”

4.1 系统设计

4.1.1 系统设计目标

通过一个仓库管理系统，使仓库的管理工作系统化、规范化、自动化，使得资金使用合理，物资设备的储备最佳。

4.1.2 开发设计思想

仓库管理的物资主要是企业生产所需要的各种设备。进货时经检查合同确认为有效托收以后，进行验收入库，需要填写入库单，并进行入库登记。企业各个部门根据所需要的物资设备总额和部门生产活动的需要提出物资需求申请。根据需要按月、季、年进行统计分析，产生相应报表。

仓库管理的特点是信息处理量比较大。所管理的物资设备种类繁多，而且由于入库单、出库单、需求单等单据发生量特别大，关联信息多，查询和统计的方式各不相同等原因，在管理上实现起来有一定困难。在管理的过程中经常会出现信息的重复传递、单据报表种类繁多、各个部门管理规格不统一等问题。

本系统的设计过程中，为了克服这些困难，满足计算机管理的需要，采取了下面的一些原则。

（1）统一各种原始单据的格式，统一账目和报表的格式。

（2）删除不必要的管理冗余，实现管理规范化、科学化。

（3）程序代码标准化，软件统一化，确保软件的可维护性和实用性。

（4）界面尽量简单化，做到实用、方便，尽量满足企业中不同层次员工的需要。

（5）建立操作日志，系统自动记录所进行的各种操作。

4.1.3　开发和运行环境选择

开发工具：SQL Server 数据库、Visual Studio.NET 软件开发工具。

运行环境：Windows 操作系统。

4.1.4　系统功能分析

本系统主要包括以下功能。

（1）仓库管理相关信息的输入，包括入库、出库、还库、需求信息的输入等。

（2）仓库管理相关信息的查询、修改和维护。

（3）设备采购报表的生成。

（4）在库存管理中加入最高储备和最低储备字段，对仓库中的物资设备实现监控和报警。

（5）企业各个部门物资需求的管理。

（6）操作日志的管理。

4.1.5　系统功能模块设计

在系统功能分析的基础上，得到如图 B-11 所示的系统功能模块图。

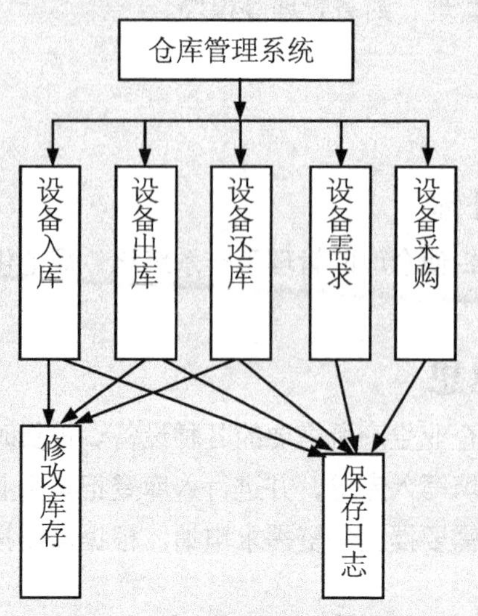

图 B-11　仓库管理系统功能模块图

4.2 数据库设计

4.2.1 数据库需求分析

在仔细调查企业仓库物资设备管理过程的基础上，得到本系统所处理的数据流图，如图B-12所示。

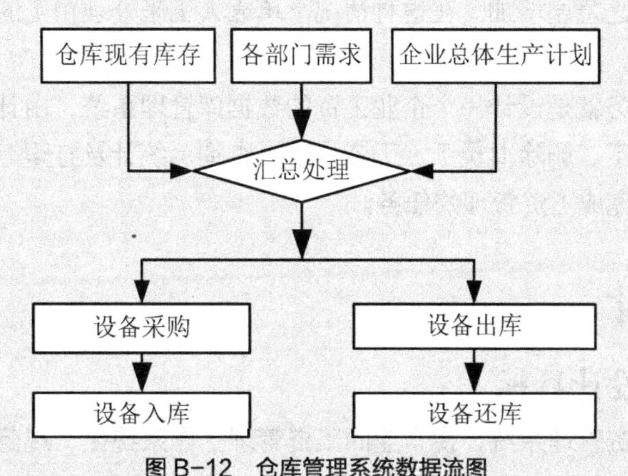

图B-12 仓库管理系统数据流图

针对本实例，通过对企业仓库管理的内容和数据关系分析，设计的数据项和数据结构如下。

- 设备代码信息（设备号、设备名称）。
- 现有库存信息（设备号、现有数目、总数目、最大库存、最小库存）。
- 设备入库信息（设备号、入库时间、供应商、供应商电话、入库数量、价格、采购员）。
- 设备出库信息（设备号、使用部门、出库时间、出库状况、经手人、出库数量、领取人、用途）。
- 设备采购信息（设备号、采购员、供应商、现在库存、总库存、最大库存、采购数目、价格、计划采购时间）。
- 设备归还信息（设备号、归还部门、归还数目、归还时间、经手人）。
- 设备需求信息（需求部门名称、需求设备号、需求数目、需求开始、需求结束时间）。
- 日志信息（操作员、操作时间、操作内容）。

有了上面的数据结构、数据项和数据流程，就能进行下面的数据库设计。

4.2.2 数据库结构设计

本实例根据上面的设计规划出的实体有库存实体、出库实体、采购实体、还库实体、需求实体，实体和实体之间的关系E-R图如图B-13所示。

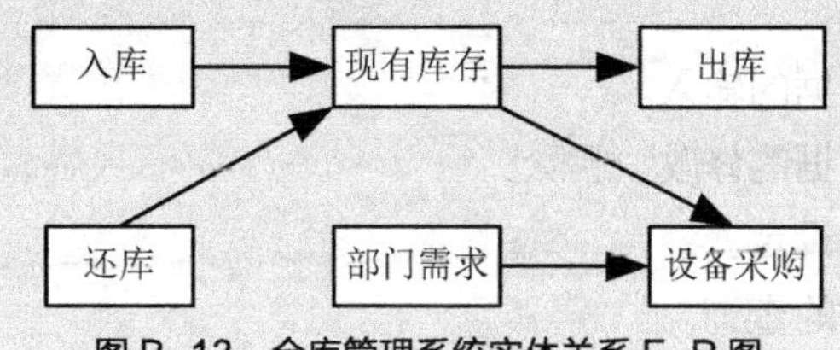

图B-13 仓库管理系统实体关系E-R图

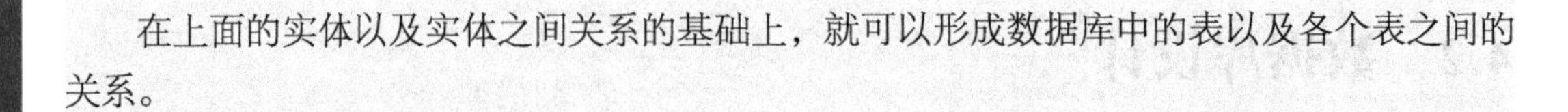

在上面的实体以及实体之间关系的基础上，就可以形成数据库中的表以及各个表之间的关系。

5. 企业工资管理系统

随着经济的发展，企业正向着大型化、规模化发展，而对于大中型企业，员工、职称等与工资有关的信息随之急剧增加。在这种情况下单靠人工来处理员工的工资不但显得力不从心，而且极容易出错。

该系统的具体任务就是设计一个企业工资的数据库管理系统，由计算机来代替人工执行一系列诸如增加新员工、删除旧员工、工资修改、查询、统计及打印等操作。这样就使办公人员可以轻松快捷地完成工资管理的任务。

5.1 系统设计

5.1.1 系统设计目标

通过使用企业工资管理系统，使企业的工资管理工作系统化、规范化、自动化，从而达到提高企业管理效率的目的。

5.1.2 开发设计思想

开发设计思想主要包括以下几项。

（1）尽量采用企业现有软硬环境及先进的管理系统开发方案，从而达到充分利用企业现有资源，提高系统开发水平和应用效果的目的。

（2）系统应符合企业工规定，满足对企业相关人员日常使用的需要，并达到操作过程中的直观、方便、实用、安全等要求。

（3）系统采用模块化程序设计方法，既便于系统功能的各种组合和修改，又便于未参与开发的技术维护人员补充、维护。

（4）系统应具备数据库维护功能，及时根据用户需求进行数据的增加、删除、修改、备份等操作。

5.1.3 开发和运行环境选择

开发工具：SQL Server 数据库、Visual Studio.NET 软件开发工具。

运行环境：Windows 操作系统。

5.1.4 系统功能分析

本系统主要包括以下功能。

（1）系统数据初始化。

（2）员工基本信息数据的输入。

（3）员工基本信息数据的修改、删除。

（4）企业工资的基本设定。

（5）员工个人工资表的查询。

（6）员工工资的计算。

（7）工资报表打印。

5.1.5 系统功能模块设计

在系统功能分析的基础上，得到如图 B-14 所示的系统功能模块图。

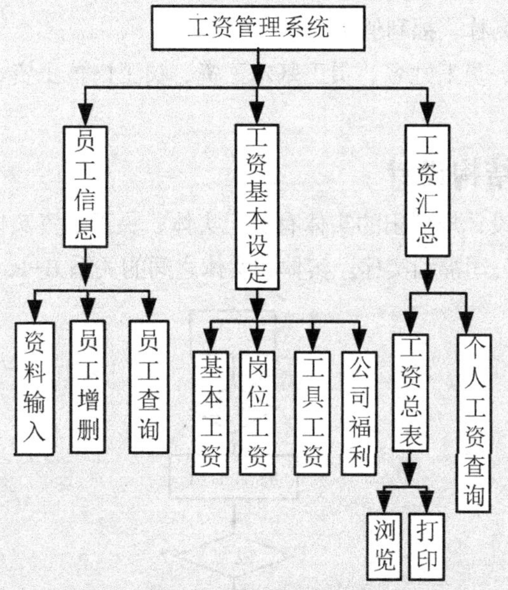

图 B-14 企业工资管理系统功能模块图

5.2 数据库设计

5.2.1 数据库需求分析

在仔细调查企业工资管理过程的基础上，得到本系统所处理的数据流图，如图 B-15 所示。

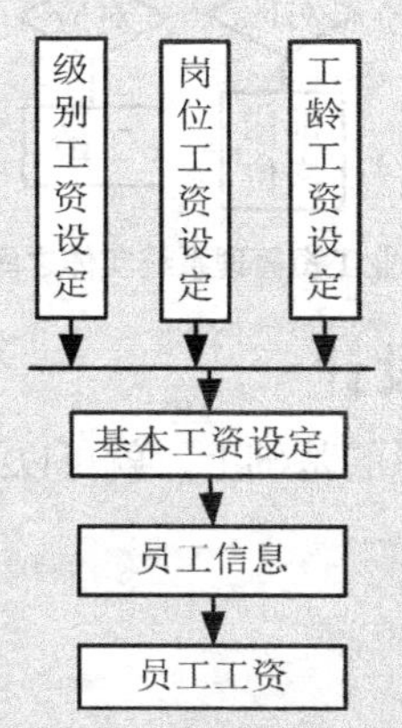

图 B-15 企业工资管理系统数据流图

通过对企业工资管理的内容和数据关系分析，设计的数据项和数据结构如下：员工基本状况（员工号、员工姓名、性别、所在部门、身份证号、生日、籍贯、国籍、民族、婚姻状况、健康状况、参加工作时间、员工状态、状态时间、家庭住址、联系电话）。因为本例只涉及工资管理，故为了说明简单，只包含了与员工的工资相关的资料，如入厂时间、所在部门、岗位、工资级别等。

级别工资信息（工资等级、工资额）。

企业部门及工作岗位信息（部门名称、工作岗位名称、工作岗位工资）。

工龄工资信息（工龄、对应工资额）。

公司福利表（福利名称、福利值）。

工资信息（员工号、员工姓名、员工基本工资、员工岗位工资、员工工龄工资、公司福利、员工实际工资）。

5.2.2　数据库结构设计

本实例根据上面的设计规划出的实体有员工实体、员工工资实体、工资级别实体、部门岗位实体、工龄实体、公司福利实体。实体和实体之间的关系 E-R 图如图 B-16 所示。

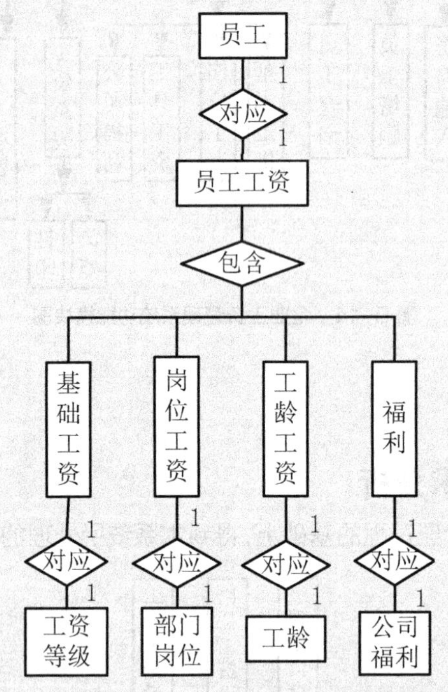

图 B-16　企业工资管理系统实体之间关系 E-R 图

5.2.3　数据库逻辑结构设计

在上面的实体以及实体之间关系的基础上，就可以形成数据库中的表以及各个表之间的关系。

6. 图书馆管理系统

图书馆在正常运营中总是面对大量的读者信息、书籍信息以及两者相互关联产生的借书信息、还书信息。因此需要对读者资源、书籍资源、借书信息、还书信息进行管理，及时了解各个环节中信息的变更，有利于提高管理效率。

6.1 系统设计

6.1.1 系统设计目标

实现一个通过图书馆管理信息系统，使图书馆的管理工作系统化、规范化、自动化，从而达到提高图书馆管理效率的目的。

6.1.2 开发设计思想

开发设计思想主要包括以下几项。

（1）尽量采用图书馆现有软硬环境及先进的管理系统开发方案，从而达到充分利用图书馆现有资源，提高系统开发水平和应用效果的目的。

（2）系统应符合图书馆信息管理的规定，满足对图书馆日常管理的工作需要，并达到操作过程中的直观、方便、实用、安全等要求。

（3）系统采用模块化程序设计方法，既便于系统功能的各种组合和修改，又便于未参与开发的技术维护人员补充、维护。

（4）系统应具备数据库维护功能，及时根据用户需求进行数据的增加、删除、修改、备份等操作。

6.1.3 开发和运行环境选择

开发工具：SQL Server 数据库、Visual Studio.NET 软件开发工具。

运行环境：Windows 操作系统。

6.1.4 系统功能分析

本系统主要包括以下功能。

（1）有关读者种类标准的制定、种类信息的输入，包括种类编号、种类名称、借书数量、借书期限、有效期限、备注等。

（2）读者种类信息的修改、查询等。

（3）读者基本信息的输入，包括读者编号、读者姓名、读者种类、读者性别、工作单位、家庭住址、电话号码、电子邮件地址、办证日期、备注等。

（4）读者基本信息的查询、修改，包括读者编号、读者姓名、读者种类、读者性别、工作单位、家庭住址、电话号码、电子邮件地址、办证日期、备注等。

（5）书籍类别标准的制定、类别信息的输入，包括类别编号、类别名称、关键词、备注等。

（6）书籍类别信息的查询、修改，包括类别编号、类别名称、关键词、备注等。

（7）书籍信息的输入，包括书籍编号、书籍名称、书籍类别、作者姓名、出版社名称、出版日期、书籍页数、关键词、登记日期、备注等。

（8）书籍信息的查询、修改，包括书籍编号、书籍名称、书籍类别、作者姓名、出版社名称、出版日期、书籍页数、关键词、登记日期、备注等。

（9）借书信息的输入，包括借书信息编号、读者编号、读者姓名、书籍编号、书籍名称、借书日期、备注等。

（10）借书信息的查询、修改，包括借书信息编号、读者编号、读者姓名、书籍编号、书籍名称、借书日期、备注等。

（11）还书信息的输入，包括还书信息编号、读者编号、读者姓名、书籍编号、书籍名称、借书日期、还书日期、备注等。

（12）还书信息的查询、修改，包括还书信息编号、读者编号、读者姓名、书籍编号、书籍名称、借书日期、还书日期、备注等。

6.1.5 系统功能模块设计

在系统功能分析的基础上，得到如图 B−17 所示的系统功能模块图。

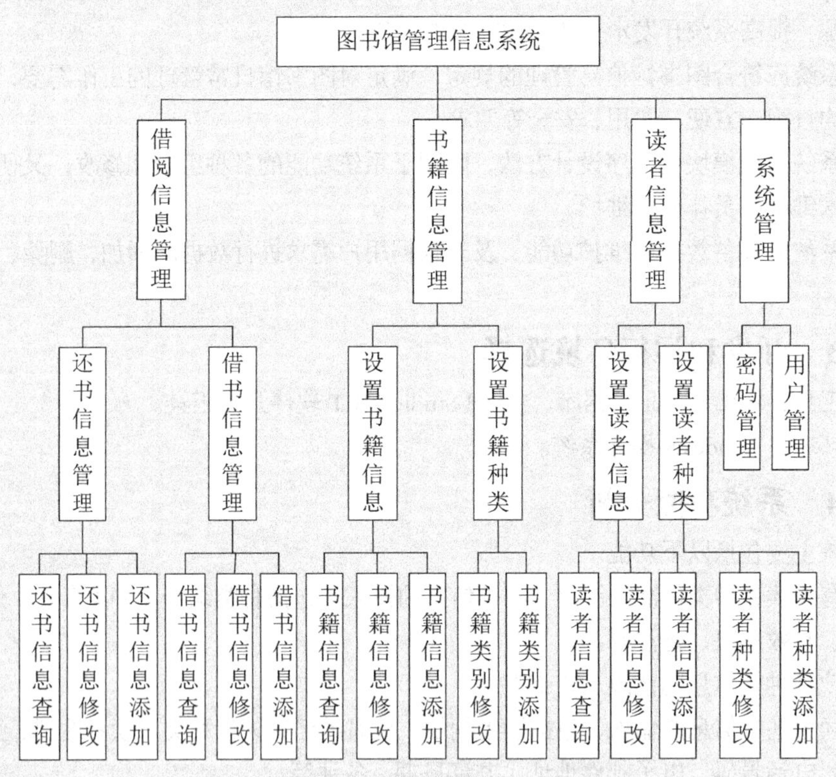

图 B−17　图书馆管理系统功能模块图

6.2 数据库设计

在仔细调查有关图书馆管理信息过程的基础上，得到本系统所处理的数据流图，如图 B−18 所示。

针对本实例，通过对图书馆管理工作过程的内容和数据关系分析，设计的数据项和数据结构如下。

- 读者种类信息（种类编号、种类名称、借书数量、借书期限、有效期限、备注）。
- 读者信息（读者编号、读者姓名、读者种类、读者性别、工作单位、家庭住址、电话号码、电子邮件地址、办证日期、备注）。
- 书籍类别信息（类别编号、类别名称、关键词、备注）。

- 书籍信息（书籍编号、书籍名称、书籍类别、作者姓名、出版社名称、出版日期、书籍页数、关键词、登记日期、备注）。
- 借阅信息（借阅信息编号、读者编号、读者姓名、书籍编号、书籍名称、借书日期、还书日期、备注）。

在上面的实体以及实体之间关系的基础上，就可以形成数据库中的表以及各个表之间的关系。

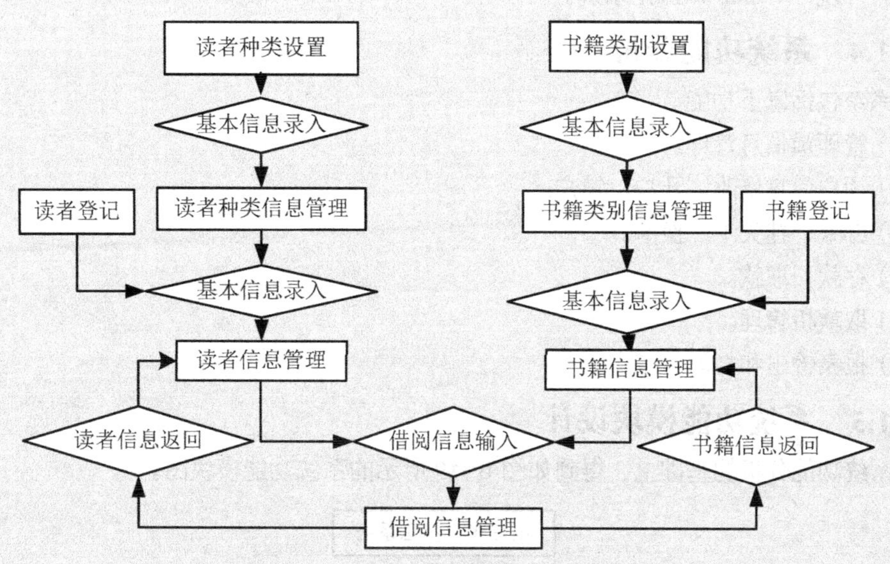

图 B-18　图书馆管理信息系统数据流图

7. 银行账户管理系统

本例是模拟银行账户的管理，开发一个银行账户管理系统。设计的指导思想是一切为使用者着想，界面要美观大方，操作尽量简单明了。另外，作为一个实用的管理系统要有良好的容错性，在出现误操作时尽量及时地给出警告，以便用户及时地改正。

7.1　系统设计

7.1.1　系统设计目标

通过该银行账户管理系统，使银行的账户管理工作系统化、规范化、自动化，从而达到提高账户管理效率的目的。

7.1.2　开发设计思想

开发设计思想主要包括以下几项。

（1）尽量采用银行现有软硬环境及先进的管理系统开发方案，从而达到充分利用银行现有资源，提高系统开发水平和应用效果的目的。

（2）系统应符合银行账户管理的规定，满足对银行相关人员日常使用的需要，并达到操作过程中的直观、方便、实用、安全等要求。

（3）系统采用模块化程序设计方法，既便于系统功能的各种组合和修改，又便于未参与开发的技术维护人员补充、维护。

（4）系统应具备数据库维护功能，及时根据用户需求进行数据的增加、删除、修改、备份等操作。

7.1.3 开发和运行环境选择

开发工具：SQL Server 数据库、Visual Studio.NET 软件开发工具。

运行环境：Windows 操作系统。

7.1.4 系统功能分析

本系统包括以下功能。

（1）管理员信息管理。

（2）用户信息修改、开户、销户。

（3）办卡、挂失卡、换卡。

（4）存款、取款。

（5）取款机管理。

（6）报表输出和打印。

7.1.5 系统功能模块设计

在系统功能分析的基础上，得到如图 B-19 所示的系统功能模块图。

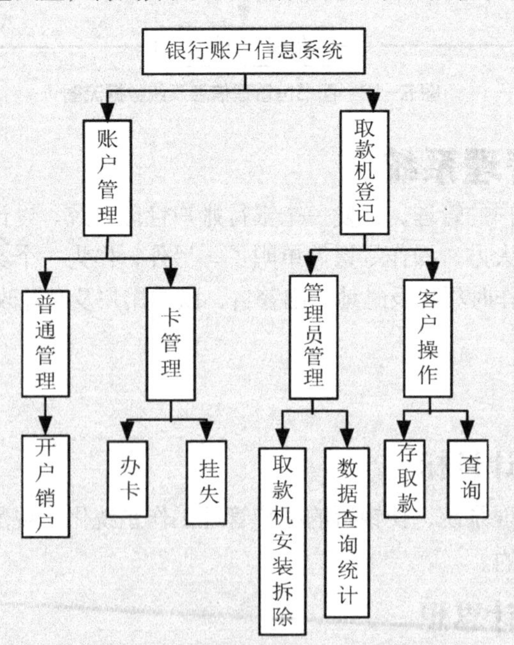

图 B-19 银行账户管理系统功能模块图

7.2 数据库设计

7.2.1 数据库需求分析

在仔细调查企业工资管理过程的基础上，得到本系统所处理的数据流图，如图 B-20 所示。

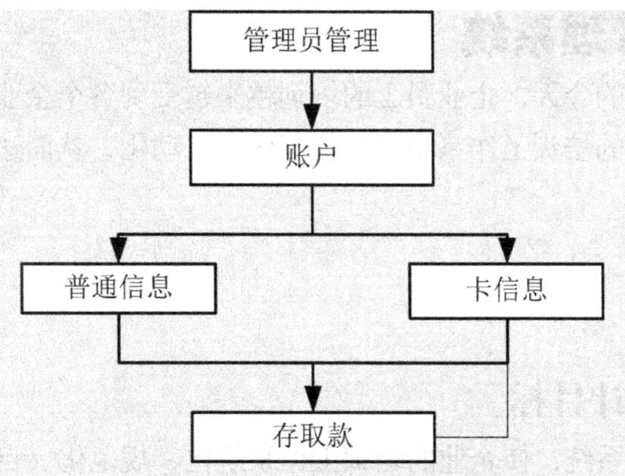

图 B-20 银行账户管理系统数据流图

通过对银行账户管理的内容和数据关系分析，设计的数据项和数据结构如下。

- 用户普通信息表（账号、用户姓名、密码、身份证、总金额、现在状态、住址、开户时间）。
- 用户卡信息表（用户账号、卡号、卡密码、金额、现在状态）。
- 取款机信息表（取款机 ID 号、安装地点、安装时间以及拆除时间）。
- 取款机存取款信息表（取款机 ID 号、用户账号、用户卡号、存取款时间、存取款金额、存取款摘要、总金额）。
- 用户银行存取款信息表（操作员（管理员）号码、用户账号、用户卡号、存取款时间、存取款金额、存取款摘要、总金额）。
- 用户存取款信息总表（用户账号、存取款时间、存取款地点、存取款金额、存取款摘要、总金额）。
- 管理员信息表（用户、口令）。

7.2.2 数据库结构设计

本实例根据上面的设计规划出的实体有管理员实体、账户实体、账户普通信息实体、账户卡信息实体、取款机实体。实体和实体之间的关系 E-R 图如图 B-21 所示。

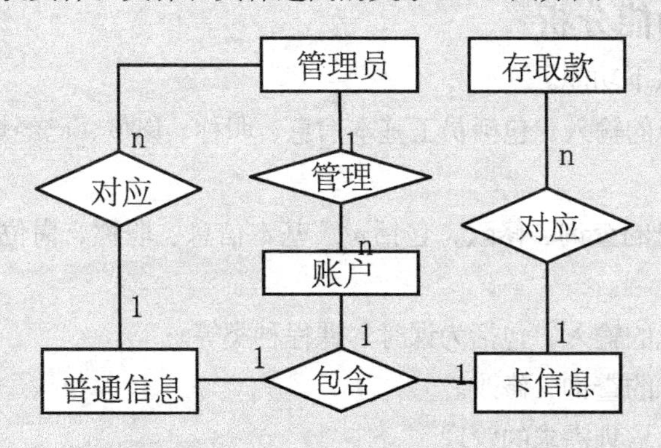

图 B-21 银行账户管理系统实体关系 E-R 图

在上面的实体以及实体之间关系的基础上，就可以形成数据库中的表以及各个表之间的关系。

8. 员工培训管理系统

在竞争越来越激烈的今天，企业员工的培训越来越受到各个企业领导的重视。通过员工培训管理系统，使企业的培训工作系统化、规范化、自动化，从而达到提高企业培训管理效率的目的。

8.1 系统设计

8.1.1 系统设计目标

通过员工培训管理系统，使企业的培训工作系统化、规范化、自动化，从而达到提高企业培训管理效率的目的。

系统开发的总体任务是实现企业员工培训管理的系统化、规范化、自动化。

8.1.2 开发设计思想

开发设计思想主要包括以下几项。

（1）尽量采用企业现有软硬环境及先进的管理系统开发方案，从而达到充分利用企业现有资源，提高系统开发水平和应用效果的目的。

（2）系统应符合企业员工培训管理的规定，满足企业日常员工培训工作的需要，并达到操作过程中的直观、方便、实用、安全等要求。

（3）系统采用模块化程序设计方法，既便于系统功能的各种组合和修改，又便于未参与开发的技术维护人员补充、维护。

（4）系统应具备数据库维护功能，及时根据用户需求进行数据的增加、删除、修改、备份等操作。

8.1.3 开发和运行环境选择

开发工具：SQL Server 数据库、Visual Studio.NET 软件开发工具。

运行环境：Windows 操作系统。

8.1.4 系统功能分析

本系统主要包括以下功能。

（1）员工各种信息的输入，包括员工基本信息、职称、岗位、已经培训过的课程和成绩、培训计划等。

（2）员工各种信息的查询、修改，包括员工基本信息、职称、岗位、已经培训过的课程和成绩、培训计划等。

（3）培训课程信息的输入，包括为课时、课程种类等。

（4）培训课程信息的查询、修改。

（5）企业所有员工培训需求的管理。

（6）企业培训计划的制定、修改。

（7）培训课程的评价。

（8）培训管理系统的使用帮助。

（9）教师信息的管理、教师评价。

（10）培训资源管理。

（11）培训教材管理。

（12）员工外出培训管理。

（13）系统用户管理、权限管理。

8.1.5 系统功能模块设计

在系统功能分析的基础上，得到如图 B-22 所示的系统功能模块图。

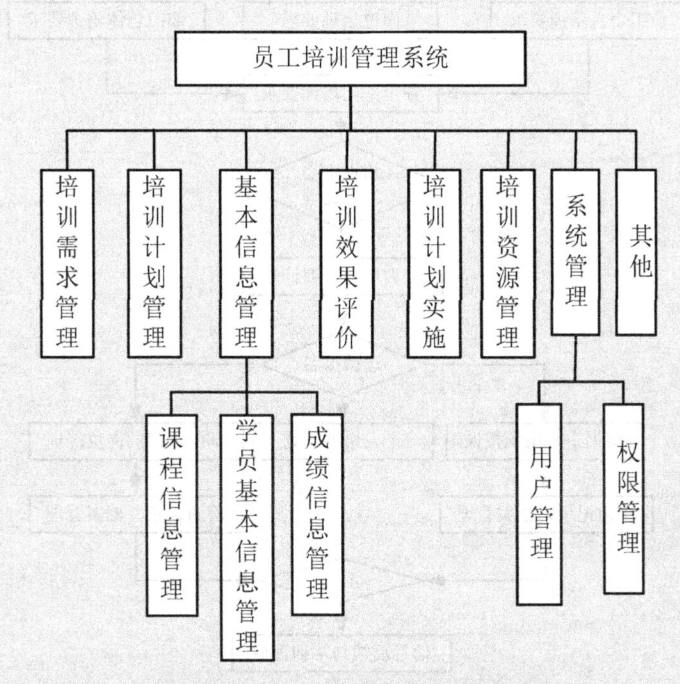

图 B-22 员工培训管理系统功能模块图

8.1.6 培训管理软件和企业中其他系统的关系

（1）与人事管理系统的接口

如果一个企业同时具有员工培训管理系统和人事管理系统，这两个系统之间应该实现如图 B-23 所示的数据交流和接口。

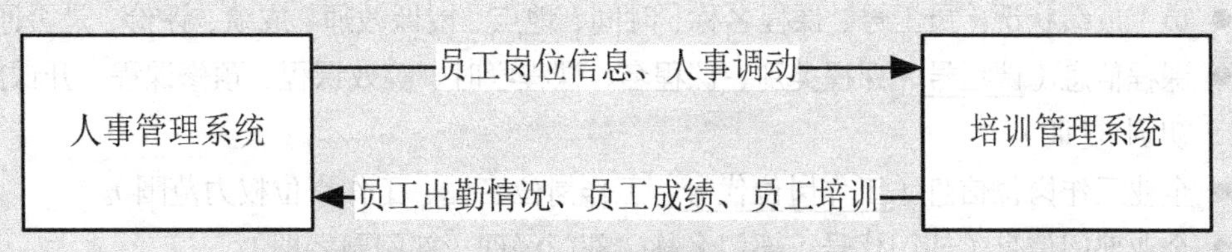

图 B-23 与人事管理系统的数据接口

（2）与全企业信息管理系统的接口

员工培训管理系统是全企业信息管理系统的一个有机组成部分。在可能的情况下，员工培训管理系统模块可以作为全企业管理系统的一个模块，直接被调用。

8.2 数据库设计

8.2.1 数据库需求分析

在仔细调查企业员工培训管理过程的基础上，得到本系统所处理的数据流图，如图 B-24 所示。

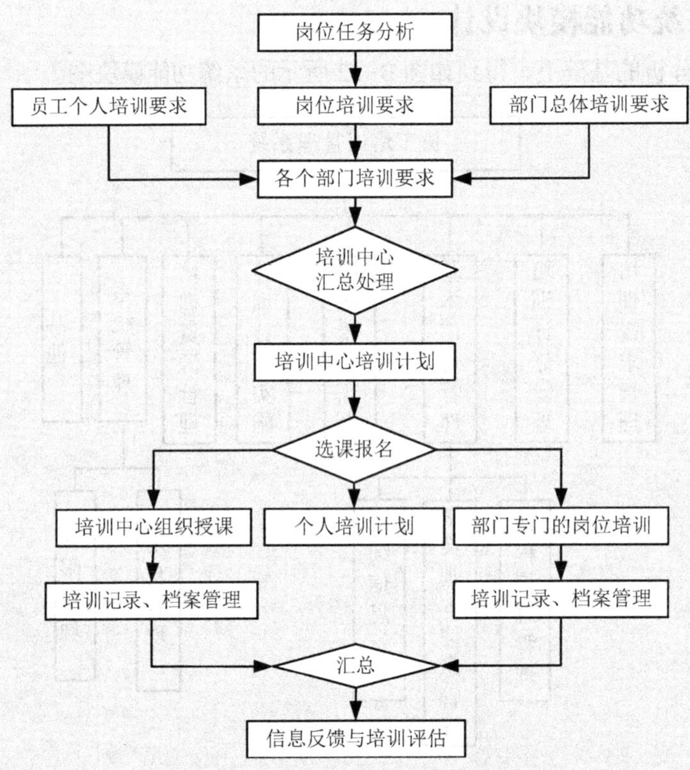

图 B-24 员工培训管理系统数据流图

通过对企业员工培训管理的内容和数据关系分析，设计的数据项和数据结构如下。

- 员工基本状况（员工号、员工姓名、性别、所在部门、身份证号、生日、籍贯、国籍、民族、婚姻状况、健康状况、参加工作时间、员工状况、家庭住址、联系电话、电子邮件地址）。
- 员工成绩状况（员工号、课程名称、时间、地点、授课教师、成绩、评价、是否通过）。
- 课程信息（课程号、课程类别、课程名、课程学时、等效课程、预修课程、开课部门、初训/复训）。
- 企业工作岗位信息（工作岗位代号、工作岗位名称、工作岗位权力范围）。
- 企业部门信息（部门代号、部门名称、部门经理、部门副经理）。
- 培训需求信息（所需培训的课程、要求培训的员工）。
- 企业培训计划信息（培训的课程、培训开始时间、结束时间、培训教员、上课时间、上课地点）。
- 个人培训计划信息（培训员工、培训课程、培训开始时间、培训结束时间）。
- 课程评价信息（课程名、评价内容、评价时间）。

- 教员信息（<u>教员号</u>、教员姓名、教员学历、开始教课时间、教员评价）。
- 培训资源管理信息（资源代号、资源名称、资源状态标记、资源价钱、资源数量、备注）。
- 培训教材管理（<u>教材编号</u>、教材名称、作者、教材状态、相应课程编号、教材数量、价钱）。
- 系统的用户口令表（用户名、口令、权限）。

8.2.2 数据库结构设计

本实例根据上面的设计规划出的实体有员工实体、部门实体、岗位实体、教员实体、教学资源实体、教材实体、课程实体。实体和实体之间的关系 E–R 图如图 B–25 所示。

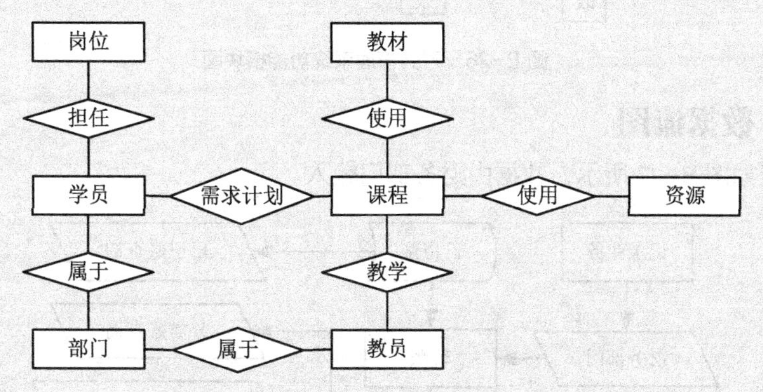

图 B–25 员工培训管理系统实体关系 E–R 图

在上面的实体以及实体之间关系的基础上，就可以形成数据库中的表以及各个表之间的关系。

9. 财务管理系统

财务管理系统是企业信息管理的核心系统之一。对于中小企业来说，根据企业实际自行设计一套企业专用的财务管理系统实现会计电算化是很好的选择。它既不需要花费引进大型财务系统的昂贵成本，也避免了商品化的小型通用财务系统与企业实际运作难以吻合的缺点。

9.1 系统分析与设计

9.1.1 系统功能分析

本财务管理系统实现以下几项功能。

（1）日记账的输入、查询和修改。

（2）构造分类账目，实现从日记账到分类账的转录，以及分类账的查询。

（3）在会计期末进行结算，完成会计循环。

（4）制作常用财务报表，包括资产负债表和损益表（利润表）。

（5）进行试算，检查账目的平衡。

（6）报告公司的财务指标，如资产负债率、酸性比率等。

9.1.2 系统功能模块设计

根据需求，得到如图 B-26 所示的系统功能模块图。

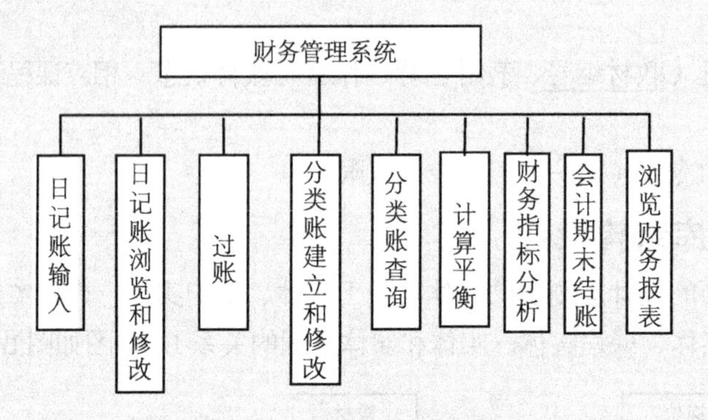

图 B-26 财务管理系统功能模块图

9.1.3 数据流图

数据流图如图 B-27 所示，数据由财务部门输入。

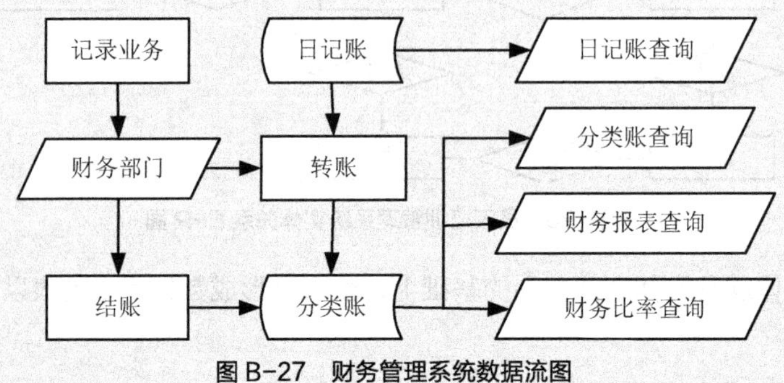

图 B-27 财务管理系统数据流图

9.2 数据库模型

9.2.1 数据库需求分析

数据库分为日记账和分类账两个部分，需要如下数据项目。

- 日记账（自动序号、账户编号、会计科目、明细账、业务发生日期、借、贷、摘要和是否过账）。
- 账目（账户序号、账户编号、账户一级类型、二级类型、会计科目、明细账、是否抵减科目、借方余额、贷方余额和建立日期）。
- 分类账（账户编号、业务发生日期、日记账编号、借、贷、余额、摘要）。
- 系统常量（名称、数值、备注）。

财务报表（资产负债表、损益表等）可由分类账目在查询时动态生成，因此不必要在数据库中保存。

9.2.2 数据库概念结构设计

该系统的 E-R 图如图 B-28 所示。本系统约定，为每个会计科目的明细账（如果有）分配不同的账户编号，格式如“xxxx-yyyy”，其中“xxxx”是会计科目的编号（默认为 4 位，可更改），yyyy 是明细账的编号。如“应收账款”科目（编号为“1003”）有“公司 A”、“公司 B”等明细账，账户编号为“1003-0001”、“1003-0002”等。

抵减账户使用“xxxxb”的形式，其中“xxxx”是该抵减账户的原账户的编号。如“坏账准备”账户的编号为“1003b”。

“分类账”和“日记账”中的“账户编号”属性都是“会计科目”实体中的同名属性的引用。在数据库的实现中，作为外键处理。

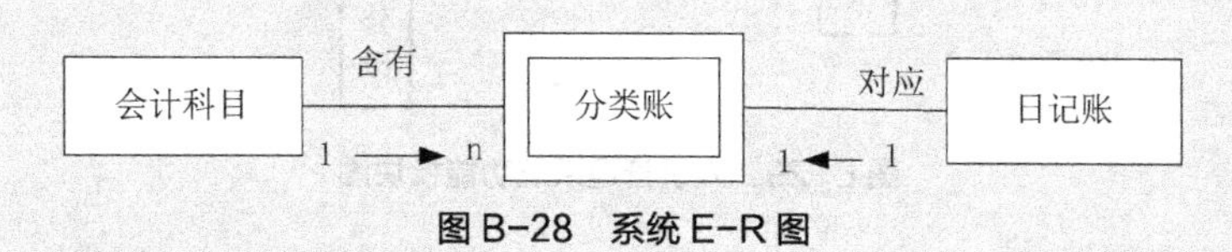

图 B-28　系统 E-R 图

9.2.3　数据库逻辑结构设计

根据系统 E-R 图，首先，本系统需要两个数据表分别存放账户列表和日记账。其次，对于账户列表中的每一个记录，相应地需要一个表来存放分类账。每一个分类账记录和一个日记账记录相对应。

这样的数据库设计方法的好处如下。

- 实现日记账和分类账的数据分离，每时期的分类账数据过账后不再依赖于日记账中的数据，提高了系统的健壮性。
- 每个账户的余额可从该账户的分类账表中直接得到，在查询和制作报表时快捷、方便，且代码工作量小。

由 E-R 图可见，这些优点是以一定量的数据冗余为代价的。

分类账数据表的数目由账户列表中的记录数决定，表本身在添加账户时由程序动态生成。

此外，出于可移植性和扩展性的考虑，把系统中的常数存储在一个名为“系统常量”的表中，以便在企业的账户处理规范修改时该系统通过修改此表中的数值仍能工作。这个表不在与其他表发生联系。

10. 人事管理系统

企业人事管理系统主要用于员工个人资料的录入、职务变动的记录和管理。使用人事管理系统，便于公司领导掌握人员的动向，及时调整人才的分配。

10.1　系统分析与设计

本系统需要完成以下几项大的功能。

（1）新员工资料的输入。

（2）自动分配员工号，并且设置初始的用户密码。

（3）员工信息的查询和修改，包括员工个人信息和密码等。

根据上述系统的要求，可以将系统的主要功能分解成几个模块，系统功能模块图如图 B-29 所示。

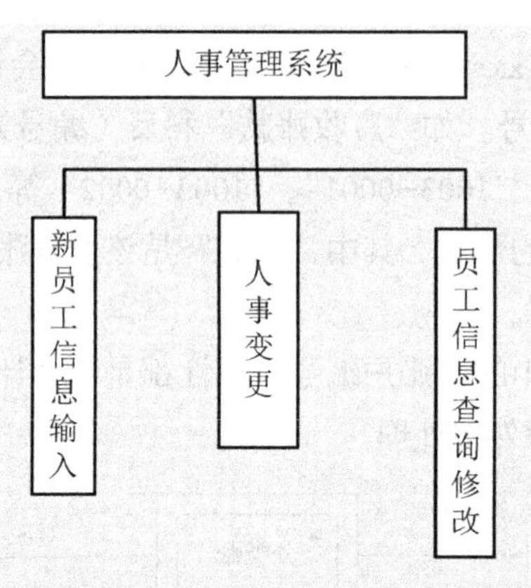

图 B-29 人事管理系统功能模块图

系统的数据流图如图 B-30 所示，所有数据由人事科管理人员输入。

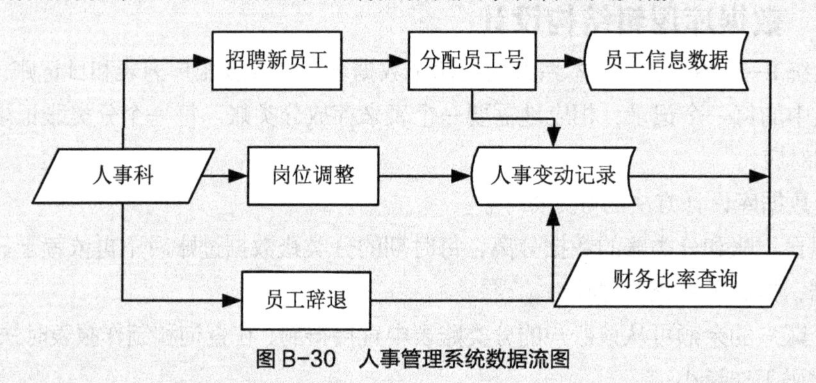

图 B-30 人事管理系统数据流图

10.2 数据库的设计

10.2.1 数据库的需求分析

根据系统的数据流图，需要设计如下数据信息。

- 员工信息（员工号、密码、权限、姓名、生日、部门、职务、教育程度、专业、通讯地址、电话、电子邮件、当前状态、其他信息）。
- 人事变动（记录号、员工号、变更代码、变更时间、描述）。
- 部门设置（部门编号、名称、经理、部门简介）。

10.2.2 数据库的结构设计

图 B-31 是人事管理系统的 E-R 图。

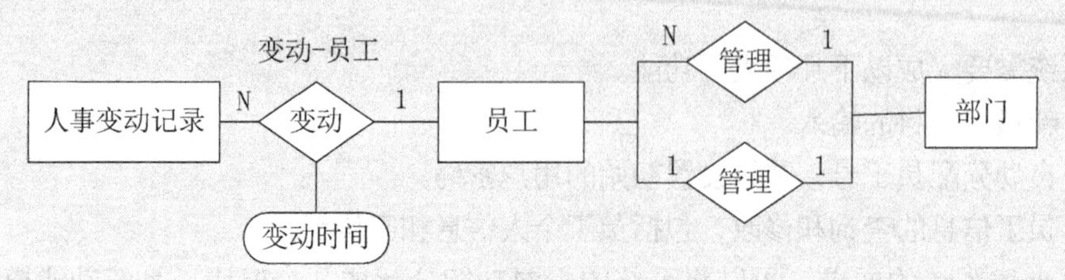

图 B-31 人事管理系统 E-R 图

根据系统的E-R图,本系统需要有两个数据表分别来存放员工个人信息和人事变动记录。并且需要 1 个外部数据表（部门信息）的支持。同时部分记录字段要用代码来表示，因此需要 3 个代码表来分别记录教育程度、职务和人事变更的代码。最后，设立 1 个计数器数据表用于实现员工号的自动分配。

11. 考勤管理系统

现代企业要求有严格的管理才能有一定的竞争力，每个企业都需要有一个考勤制度，计算机的出现使得员工出勤情况的记录和统计变得十分简单，而使用数据库直接操作则更加方便。

11.1 系统设计

考勤管理系统的主要功能如下。

（1）上下班时间的设定。

（2）员工出入单位的情况记录。出入情况主要由考勤机来记录，但是需要设置人工添加的功能，以备特殊情况的处理。

（3）请假、加班和出差情况的记录。

（4）每个月底进行整个月的出勤情况统计。

系统功能模块划分如图 B-32 所示。

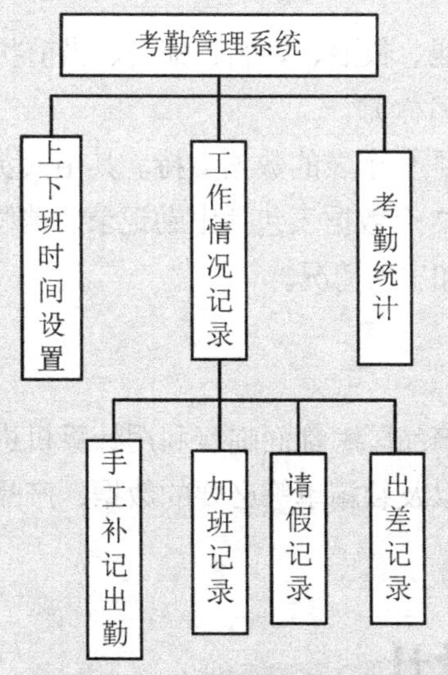

图 B-32 考勤管理系统功能模块图

考勤管理系统记录了员工上下班的情况，为工资管理直接提供每个月工作时间的统计结果，用以计算工资。同时考勤系统也需要其他系统提供的员工、部门信息。

系统的数据流图如图 B-33 所示。出勤的原始时间记录主要来源于考勤机，并且以固定格式保存到数据库中。考勤管理系统的任务是如何处理这些数据。

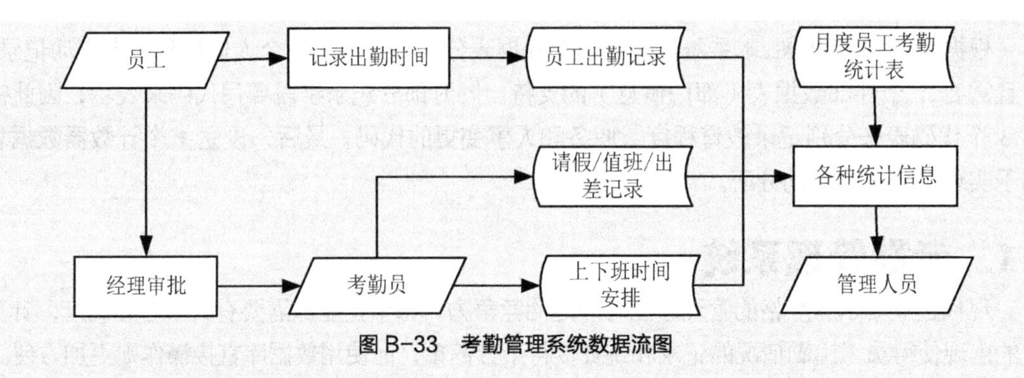

图 B-33　考勤管理系统数据流图

11.2　数据库设计

根据数据流程，可以列出以下考勤管理系统所需的数据项和数据结构。

- 出勤记录（记录号、员工、出入情况、出入时间）。
- 请假记录（记录号、员工、请假起始时间、假期结束时间、请假原因）。
- 加班记录（记录号、员工、加班时间长度、日期）。
- 出差记录（记录号、员工、出差起始时间、出差结束时间、具体描述）。
- 月度考勤统计（记录号、员工、年月、累计正常工作时间、累计请假时间、累计加班时间、累计出差时间、迟到次数、早退次数、旷工次数）。

还需以下外部数据支持。

- 人员信息（员工号、密码、权限、姓名、部门、当前状态）。
- 部门设置（部门编号、名称）。

根据上面的设计，总共需要 9 个表的数据支持。其中人员信息、部门设置表可以使用其他已经设计好的数据表。另外 7 个数据表包括出勤记录、请假记录、加班记录、出差记录、月度考勤统计记录、工作时间和出入情况。

12. 质量管理系统

随着计算机的日益普及，产品厂家都面临着利用计算机进行产品质量管理的问题。如果产品缺少性能指标、检测数据以及装箱单等必要的数据，产品就不可能及时包装、销售，厂家的经济利益必然受到影响。

12.1　系统分析与设计

通过产品质量管理系统，使产品质量管理工作系统化、规范化、自动化，从而达到提高企业产品管理效率的目的。一般企业会根据不同的产品制定不同的质检参数，在产品生产出来以后，根据产品的检测指标是否达到质检参数来确定生产质量。同时根据质检的结果，发现生产中存在的问题，并进行及时的纠正。

本系统以一个板材加工企业的质量管理为应用背景，制定了一套简单易行的数据库管理方案。它主要包括以下功能。

（1）切换面板模块，它是整个系统的控制中心，是系统进入各级子模块的入口。

（2）初始化模块，它是系统工作前的准备工作。系统每次工作前必须删除上一次操作保留的部分数据，然后才能进行新数据的录入。初始化的功能是清除以前的数据，以防止旧数据对新数据产生不必要的影响。

（3）原始数据模块，它可实现原始数据的输入、修改、删除和查询等功能。

（4）受压数据模块，它可实现受压数据的输入、修改、删除和查询等功能。

（5）焊板数据模块，它可实现焊板数据的输入、修改、删除和查询等功能。

（6）质检参数输入模块，它是允许管理员输入或修改某一产品的质检参数。它由原始板质检参数输入、受压板质检参数输入和焊板质检参数输入 3 部分构成。

（7）报表显示模块，它是将产品质检的结果以报表的形式反映出来。它由原始板质检报表、受压板质检报表和焊板质检报表 3 个子模块构成。

系统功能模块图如图 B-34 所示。

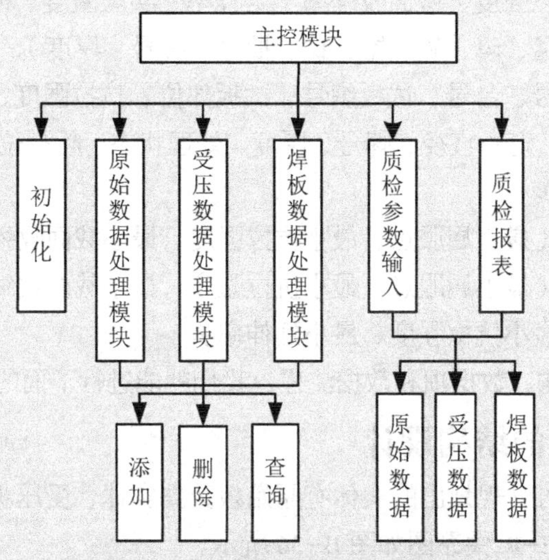

图 B-34 质量管理系统功能模块图

用户在使用时，首先输入质检参数，作为质量检查的准绳，该参数可以随着质检标准的变化做出相应的调整。企业的原始板材、受压板材及焊板的各类性能指标要逐一填入相应的数据表。本例为数据入库提供了添加记录、修改记录、删除记录以及查询记录等功能，足以实现各类方便快捷的操作。在新的生产周期开始时，管理员可以根据需要初始化数据库。在最后的质检阶段，用户只需进入报表模块，直接查看报表就可得到质量检查不合格产品的详细信息。

12.2 数据库设计

12.2.1 数据库需求分析

在仔细调查产品质量管理过程的基础上，我们得到系统所处理的数据流图，如图 B-35 所示。

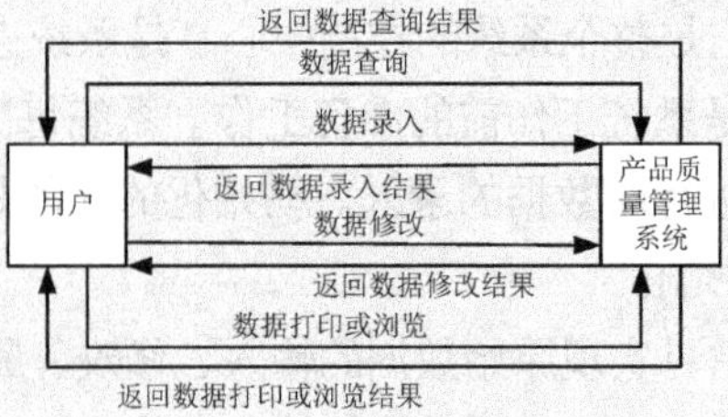

返回数据查询结果
数据查询
数据录入
用户
返回数据录入结果
数据修改
产品质量管理系统
返回数据修改结果
数据打印或浏览
返回数据打印或浏览结果

图 B-35　质量管理系统数据流图

针对本实例，通过产品质量管理系统的内容和数据流程分析，设计的数据项和数据结构如下。

- 原始数据表（本厂标记、屈服点、抗拉强度、截面收缩率、延伸率、实验温度、冲击功、弯曲角度、弯心直径、碳、硅、锰、磷、硫、铬、钛、批号、牌号、厚度）。
- 受压数据表（编号、产品编号、部件名称、本厂标记、材料规格、材料品牌、数据来源、屈服点、抗拉强度、截面收缩率、延伸率、实验温度、冲击功、弯曲角度、弯心直径、碳、硅、锰、磷、硫、铬、钛、批号、牌号、厚度）。
- 焊板表（制造编号、台号、试板编号、试板部位、抗拉强度、延伸率、试验温度、冲击功、弯曲角度、弯心直径、牌号、厚度、处理状态、断裂位置焊条牌号、焊丝牌号、焊剂牌号、备注）。
- 原始板质检参数（最小屈服点、最小抗拉强度、最小截面收缩率、最小延伸率）。
- 受压板质检参数（最小屈服点、最小抗拉强度、最小截面收缩率、最小延伸率）。
- 焊板质检参数（最小抗位强度、最小延伸率）。

有了上面的数据结构、数据项和数据流程，我们就能进行下面的数据库设计。

12.2.2　数据库的结构设计

根据上面的设计，可以规划出的实体有原始板数据实体、受压板数据实体和焊板数据实体。实体和实体之间的 E-R 关系图如图 B-36 所示。

13. 进销存管理系统

要提高市场竞争力，既要有好的产品质量，同时也要有好的客户服务。企业要做到能及时响应客户的产品需求，根据需求迅速生产，按时交货，就必须有一个好的计划，便于市场销售和生产制造两个环节能够很好地协调配合。

进销存管理是商业企业经营管理中的核心环节，也是一个企业能否取得效益的关键。如果能够做到合理生产、及时销售、库存量最小，减少积压，那么企业就能取得最佳的效益。由此可见，进销存管理决策的正确与否直接影响了企业的经济效益。

在手工管理的情况下，销售人员很难对客户做出正确的供货承诺，同时企业的生产部门也缺少一份准确的生产计划，目前的生产状况和市场的需求很难正确地反映到生产中去，部门之间的通信也经常不畅通。这在激烈的市场竞争中是非常不利的。企业进销存管理系统就是在这种状况下出现的。它利用计算机的技术，使得企业生产、库存和销售能够有机结合起来，产销衔接，提高企业的效率和效益。

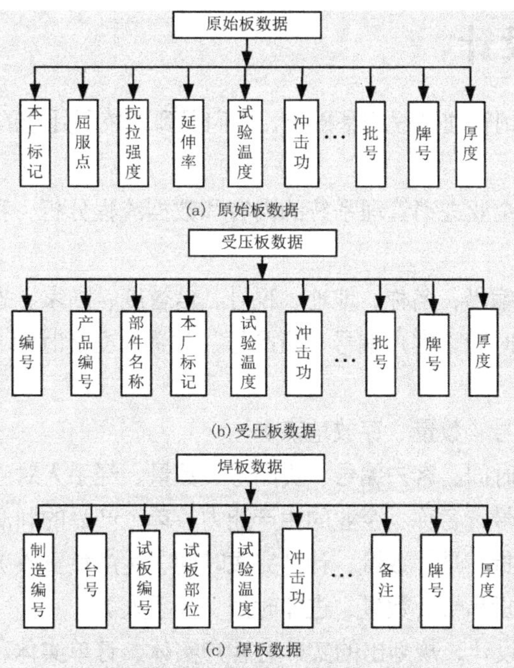

(a) 原始板数据

(b) 受压板数据

(c) 焊板数据

图 B-36 质量管理系统数据 E-R 图

13.1 系统分析与设计

用户要求如下。

- 存销衔接：利用进销存管理系统（见图 B-37）后，要求能够对整个库存进行实时的监控，及时掌握产品的库存量和客户订单的要求。

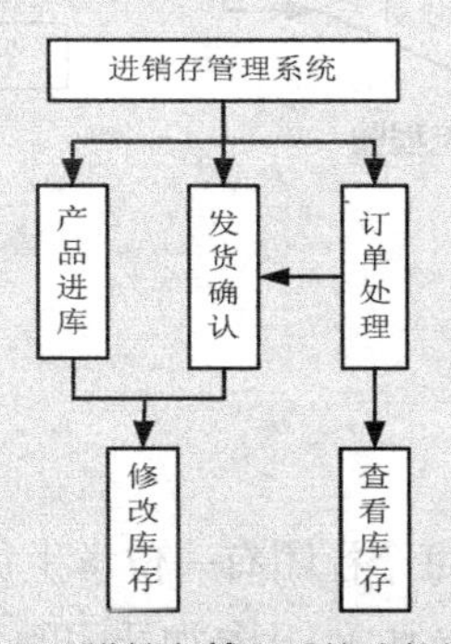

图 B-37 进销存管理系统功能模块图

- 产品库存管理：通过本系统，能够清楚地看到企业库存中的产品数量、存放地点等信息，使得生产部门和销售部门都能够根据库存信息做出决策。
- 订单管理：对于销售部门输入的订单，能够通过电脑一直跟踪下去。企业做到以销定产，在库存中备有一定的储备量。
- 发货计划：根据客户订单要求和企业现有的库存，制订发货计划。

13.2 数据库设计

在仔细调查企业进销管理过程的基础上，我们得到系统所处理的数据流程图，如图 B-38 所示。

针对本实例，通过企业进销管理系统的内容和数据流程分析，我们设计的数据项和数据结构如下。

- 客户信息（客户编码、名称、地址、税号、信誉度、国家、省份）。
- 订单信息（订单时间、客户编号、货品号、数量、交货时间、负责业务员、订单号、是否已经交货）。
- 库存信息（货品号、数量、存放地点）。
- 发货信息（发货时间、客户编号、货品号、数量、经手人对应订单）。
- 产品信息（货品号、名称、企业的生产能力、单个产品的利润、单价、型号）。
- 产品生产信息（货品号、数量、计划完成时间、生产负责人）。
- 产品进库信息（货品号、数量、进库时间、经手人）。

本实例根据上面的设计，规划出的实体有客户实体、订单实体、库存实体、产品实体。各个实体的 E-R 图以及实体之间的关系 E-R 图如图 B-39 所示。

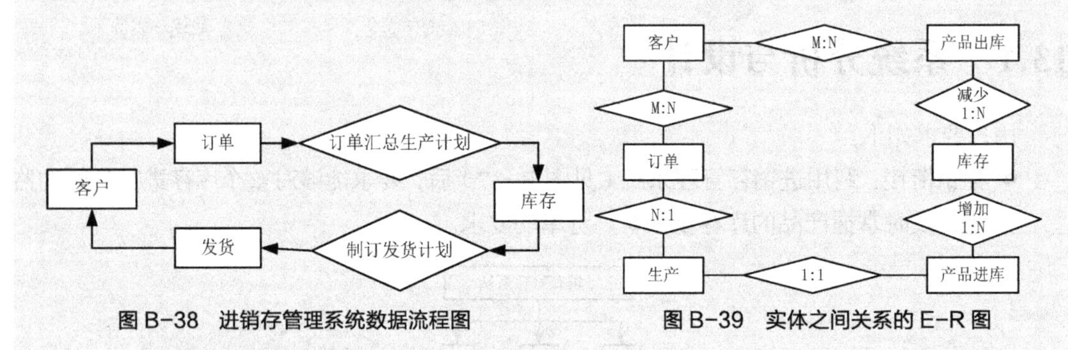

图 B-38 进销存管理系统数据流程图

图 B-39 实体之间关系的 E-R 图

14. 学生社团管理

14.1 管理需求

高等学校都有许多学生社团。每个社团有一位学生负责人，必须是该社团成员。每个学生都可以参加多个社团（也可以不参加）。凡参加社团的学生都以学号识别。现需要开发一个数据库，对所有学生社团进行统一管理。学生社团管理的具体要求如下。

（1）各社团简况维护，包括社团名称、成立日期、指导老师、负责人、活动地点等。

（2）参加社团的成员简况维护，包括学号、姓名、性别、所在班级等。不参加社团者不涉及。

（3）各社团成员加入和退出信息的输入。

（4）按社团查询该社团的组成（即全部成员）情况。

（5）按班级查询该班学生参加社团情况。

（6）按学号查询该学生参加社团情况。

（7）查询那些参加 3 个以上社团学生的情况。

（8）按社团查询各社团指导老师和学生负责人。

（9）打印各社团相关报表，包括以下内容：社团编号、社团名称、社团负责人姓名、成员学号、成员姓名、加入日期、成员所在班级。

（10）打印包括所有社团在内的统计报表：社团编号、社团名称、社团负责人姓名、指导老师、成立日期、社团人数。

14.2 功能模块说明

学生社团管理的基本表如下。

- 班级简况（班级代号、班级名称）。
- 成员简况（成员编号、班级代号、姓名、性别、电话）。
- 社团简况（社团编号、社团名称、负责人编号、成立日期）。
- 社团组成（社团编号、成员编号、加入日期、退出日期）。

学生社团管理主菜单包括基本资料维护、社团成员加入和退出、查询和报表 4 个选项，现分别说明如下：

1. 基本资料维护

基本资料维护选项中包括：社团简况维护、成员简况维护、班级简况维护 3 项，可以分别对社团简况、成员简况和班级简况 3 个表中的数据进行维护。社团简况维护中的负责人编号通过下拉列表选取，以保证社团的负责人必须是加入社团的学生。

2. 社团成员加入和退出

先选择所要加入的社团，再加入成员信息。

3. 查询

系统主要包括以下查询功能。

- 按社团查询社团组成。
- 按班级查询学生参加社团情况。
- 按学号查询学生参加社团情况。
- 查询参加 3 个以上社团学生情况。

4. 报表

系统主要包括以下报表功能。

- 按社团打印成员情况。
- 在报表右上角打印相关社团的基本信息。
- 打印社团统计表。

参考文献

[1] 刘健. SQL Server 数据库案例教程［M］. 第一版. 北京：清华大学出版社，2008.
[2] 杜文洁，白萍. 实用软件工程与实训［M］. 第二版. 北京：清华大学出版社，2008.
[3] 耿建敏，吴文国. 软件工程[M]. 北京：清华大学出版社，2009.
[4] 明日科技. C#开发经验技巧宝典［M］. 第一版.北京：人民邮电出版社，2007.
[5] 马小军. 软件工程基础与应用［M］. 北京：清华大学出版社，2013.
[6] 崔淼. Visual C# 2005 程序设计教程［M］. 北京：机械工业出版社，2011.
[7] 王爱国，陈辉林. UML 基础与建模实践［M］. 北京：清华大学出版社，2012.
[8] 赖信仁. UML 团队开发流程与管理［M］. 第二版. 北京：清华大学出版社，2012.
[9] 韩万江. 软件工程案例教程［M］. 北京：机械工业出版社，2010.
[10] 江红. C#.NET 程序设计教程［M］. 北京：清华大学出版社，2010.
[11] 顾春华. 软件工程技术与应用［M］. 北京：清华大学出版社，2007.
[12] 杨学全. Visual C#.NET Web 应用程序设计(第 2 版)［M］. 北京：电子工业出版社，2012.
[13] 吴洁明，方英兰.软件工程实例教程［M］. 北京：清华大学出版社，2010.
[14] 朱少明. 软件测试方法和技术［M］. 北京：清华大学出版社，2005.